포천

소담재

鮂憺齋

프롤로그

소담재(+구담소)

오랜 교직 생활을 갈무리하는 부부 교사가 경기도 포천에 지은 일자형 단독주택. 30년 가까이 도심의 아파트에만 살아온 이들이 한적한 시골 마을에 전원주택을 지을 수 있었던 것은 때마침 연로하신 부모님 곁에 집을 지을 수 있는 공간이 주어졌고, 때마침 넉넉치 않은 예산으로도 품격 있는 집을 설계해 줄 건축가를 만났기 때문이다. 2020년 여름, 부부가 오랜 시간 함께 그려온 '상상 속의 집'은 남다른 철학을 지닌 건축가의 수정과 보완, 수없이 많은 상호 협의와 조정을 거친 끝에 2021년 가을, 모습을 드러냈다. 350평의 대지에 지은 45평의 집, '은은한 색감으로 인연이 깊어지는 소담재(䑣憯齋)'와 '따뜻한 마음으로 함께 웃고 즐기는 구담소(昫談笑)'다.

소담재 사람들

이영탁 선생님

스스로를 '자유로운 영혼'이라고 소개하는 윤리 선생님. 아내에게는 '부지런한 만능 엔터테이너', 두 아들에게는 '이해심 많은 아버지'이자 '좋아하는 일에 놀랍도록 몰입하는 덕력의 소유자'로 평가받는다. 어린 시절 지리산 자락에서의 평화로운 삶을 추억하며 마음속에 담아두었던 전원주택의 꿈을 소담재로 현실화했다. 얼마 전 30여 년간 몸담았던 교직에서 정년퇴임한 후, 누구보다 분주한 인생 3막을 살고 있다.

우현주 선생님

남편에게는 '정의로운 원칙주의자'로, 아들들에게는 '우아하지만 카리스마 있는 리더'인 동시에 '소녀 같은 감성의 소유자'로 여겨지는 역사 선생님. 결혼 후 종가집 맏며느리 역할을 감당하면서도 7년 만에 교사의 꿈을 이루었고, 어느덧 교장선생님의 자리에 오르기까지 워킹맘으로 치열하게 살아왔다. 부모님이 노년을 보내시는 포천에 소담재를 짓고, 서로의 집을 바라다보며 함께 일상을 나누는 지금의 삶이 너무나 소중하다는 것을 새삼 느끼고 있다.

김외순 님

살아온 세월이 무색할 만큼 고운 피부와 표정을 지니신 우현주 선생님의 어머님. 일평생 차분하고 세심하게 가족과 손주들을 돌보셨고, 사돈지간이었던 이영탁 선생님의 어머님과도 친구처럼 지내실 정도로 타인에 대한 배려가 깊으시다. 한동안 무릎이 안 좋아 고생하셨으나 이제는 많이 회복해 사위와 집 앞 텃밭을 함께 가꾸며 일상의 즐거움을 누리신다. 최근에는 딸과 사위가 추천해 준 컬러링북 작업에 푹 빠져 시간 가는 줄 모르신다고.

이한솔 님

서울시교육청에서 운영하는 '다가치학교' 사무국장을 맡아 학교 밖에서 청소년들이 다양한 활동을 펼칠 수 있도록 지원하는 일을 하는 큰아들. 효율적인 아파트 공간에 비해 조금 비효율적일 수도 있는 긴 복도가 오히려 매력적이라며, 소담재의 일자형 구조를 누구보다 응원하고 지지한 1인이다. 20대 중반부터 독립해 소담재에 자주 오진 못하지만, 부모님이 이곳에서 건강한 노후를 보내고 계시고, 언제든 자신을 환대해 주는 멋진 공간이 있다는 사실만으로도 늘 마음이 든든하다.

이해찬 님

부모님이 지어주신 순우리말 이름처럼, '해가 꽉 찬' 밝은 기운을 지닌 막내아들. 어릴 적부터 책 읽기와 영화 보기를 좋아하던 취미를 살려, 현재 영화산업에 종사하고 있다. 요즘은 수시로 열리는 영화제 일정에 맞춰 전국 곳곳을 다니다 보니, 소담재를 비울 때가 많아 아쉽다고. 그래도 언제든 와서 편히 쉬고, 몸과 마음을 충전해 떠날 수 있는 소담재는 자신의 영원한 힐링 스팟이란다.

윤근주 건축가

충북대학교와 서울건축학교(SA)에서
건축 수업을 받고 기오헌과 원오원에서
건축 실무를 익힌 소담재의 건축가.
2010년부터 파트너 황정환 소장과 함께
일구구공 도시건축 건축사사무소(주)를
운영하며 건축 작업을 하고 있다.
그에게 단독주택은 사실상 '가족 구성원의
공동주택'과 다르지 않다. 그래서 가족
구성원들이 각자 독립적으로 생활하다가
필요할 때 모여서 함께 시간을 보내는
삶의 양태가 구현된 '소담재'는
개인적으로도, 일구구공 도시건축에도
매우 의미 있는 작업이었다고 말한다.

최영철 소장

소담재의 공사를 맡아 총괄 진행한
현장 소장. 대학에서 디자인을 공부하고
제도권 바깥의 서울건축학교(SA)에서
건축을 시작하였다. 이 대안학교에서
만난 윤근주 건축가와는 20년 지기이다.
2005년부터 공디자인 그룹 대표로
설계와 현장 일을 겸해 오고 있다.
그는 소담재 공사 현장이 주택으로서는
특별한 디자인과 공간 구성이었으며,
설계 과정상의 수많은 이야기를 건축주,
건축가와 함께 대지 위에 그려나간
행복한 시간이었다고 고백한다.

포천 소담재
鮥憺齋

소박한 사람들의 소담한 집

제대로랩

프롤로그		2

1장. 집의 시작	긴 집	20
	현관	30

2장. 공용 공간	복도	38
	식당	46
	주방 / 세탁실	54
	거실	62
	다락 (+계단)	72

3장. 개별 공간	부부 침실	80
	욕실	88
	아들방	94

4장. 숨은 공간	중정 테라스	100
	수납장	108

5장. 외부 공간	옥상 / 마당	114
	텃밭 / 정원 / 장독대	120

6장. 부속 공간	별채 (구담소)	126
	정자	132

7장. 못다한 이야기	집짓기에 대한 건축주의 단상	138
	건축 현장 담당자의 후기	141
	건축평론가가 본 소담재	143

부록	건축 개요	148
	건축 일지	149
	주요 설계 도면	154

에필로그		164

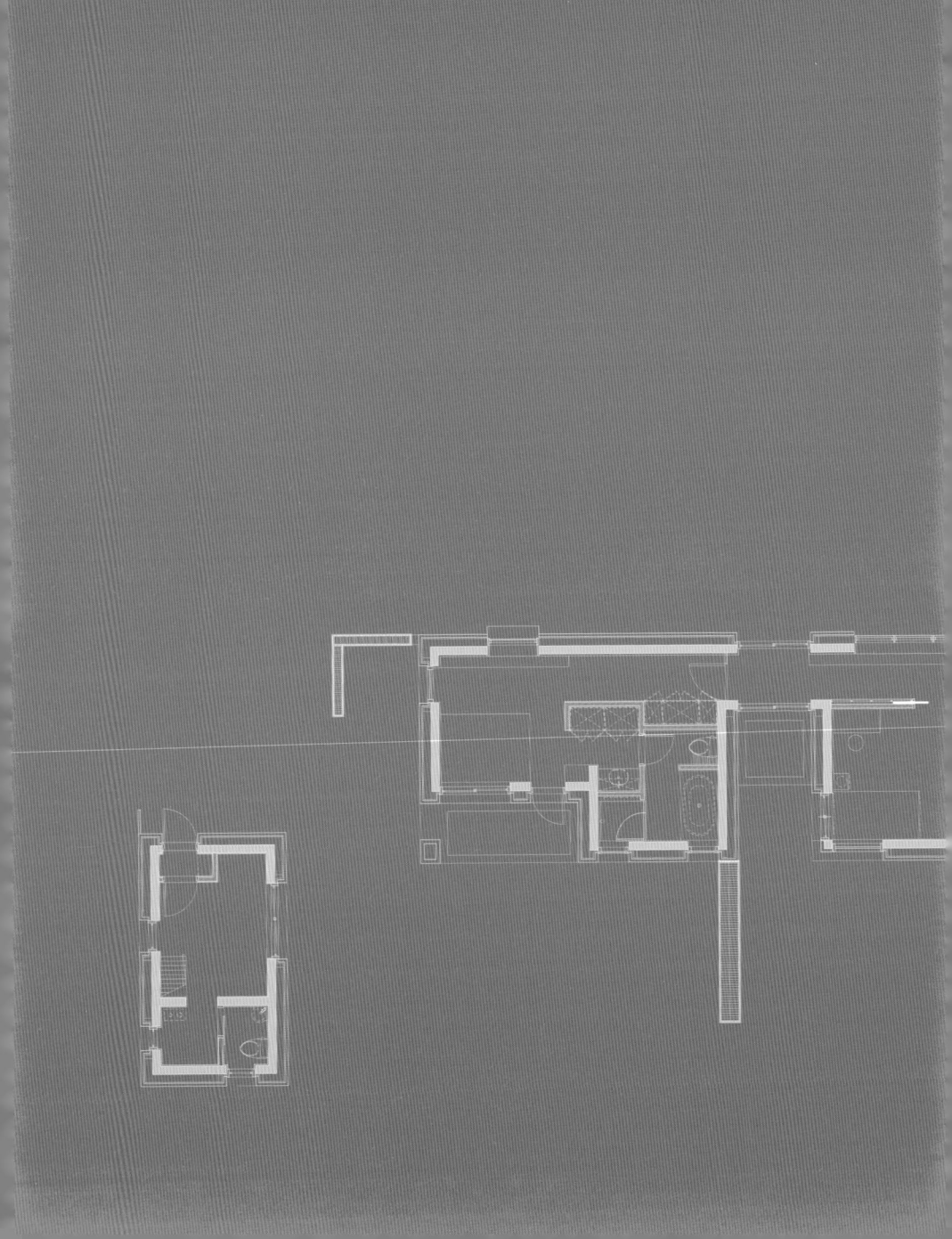

1장 집의 시작

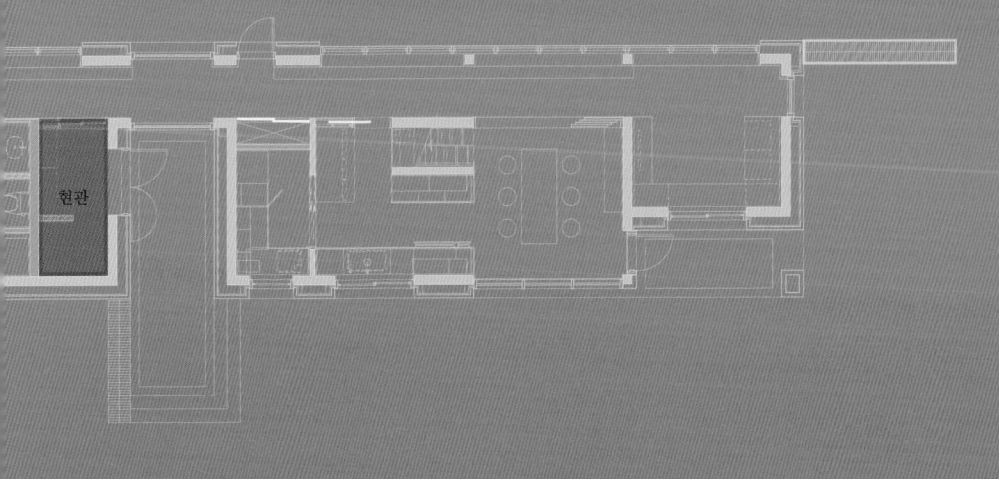

긴 집

필연적 만남, 필연적 형태

우연한 만남은 운명 같은 인연이 되기도 한다. 2017년 일구구공 도시건축의 윤근주 건축가는 서울시교육청이 시행하는 학교 공간 재구조화 사업 '꿈을 담은 교실(꿈담교실)' 프로젝트를 진행하고 있었다. 교실, 도서관 같은 기존 학교 시설을 학생 중심의 창의적이고 감성적인 공간으로 리모델링하는 사업이었는데, 그는 효문중학교 도서관 리모델링을 맡게 되었다. 그리고 학교 측 사업 담당자는 바로 소담재의 바깥주인인 이영탁 선생님이었다.

준공 후 어느 날, 일구구공 사무실로 이영탁 선생님의 전화가 걸려 왔다. "제가 집을 한번 지어 볼까 하는데, 설계사무소 좀 소개해 주실 수 있을까요?" 작은 규모의 주택 의뢰라 그랬는지 아니면 겸연쩍어서였는지, 본인도 건축가인데 다른 사람을 연결해달라는 게 살짝 서운했으나, 윤근주 건축가는 망설임 없이 스스로를 추천했다. 그리고 이에 대한 화답으로 집이 들어설 대지의 상황과 새집에 대한 의뢰인의 바람이 담긴 메일을 받았다.

> 일상적인 삶의 공간으로 검박한 집, 눈으로 보기에 좋으면서 몸으로 편안함을 느끼는 집, 관계를 중요하게 생각하고 소박한 아름다움이 있는 집, 주변과 잘 어울리면서도 친환경적인 공간에 대한 바람 등이 담겨 있었어요. 사용하신 단어나 내용으로 짐작건대, 오랜 시간 집 짓기를 고민하고 상상해 오셨구나 싶었죠. 저도 선생님들의 바람에 부응하는 집을 짓도록 노력해야겠다는 다짐이 들었습니다.

1장. 집의 시작

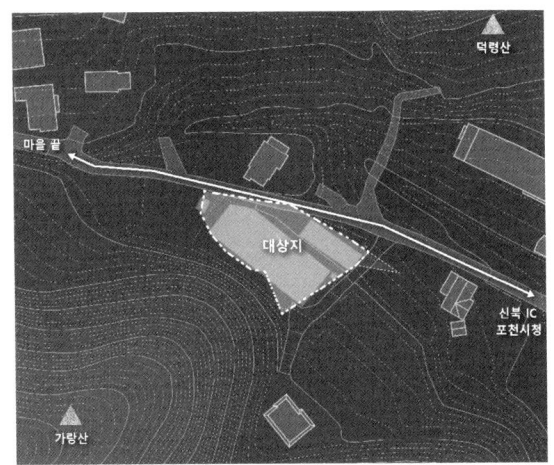

건축가는 주택 설계를 의뢰받으면, 먼저 집이 들어설 땅의
특징을 파악한다. 토지 경계선을 찾고, 법적으로 대상지에 지을
수 있는 건물의 면적은 얼마인지, 또 대상지가 도로에 면해
있는지 확인해야 한다. 주거지가 되기 위한 필요조건들, 예를
들어 도시가스와 전기 인입, 상하수도, 오수나 우수 배출 같은
기반 시설 등을 파악하는 일도 중요하다. 이런 기본 사항들을 잘
점검해야 뒤탈이 없기 때문이다. 그리고 그 과정에서 땅을
존중하는 마음 또한 생겨난다.

유난히 비 소식이 잦았던 2020년 여름, 윤근주 건축가가
현장 조사를 위해 포천을 처음 방문한 날도 비가 내렸다.
덕분에 대상지 남쪽 언덕은 여느 때보다 짙은 녹음으로 뚜렷한
계절 감각을 드러내고 있었다. 윤근주 건축가는 평지에서
일어서듯 가파르게 시작되는 병풍 같은 언덕이 대상지와 만나는
부분에 별다른 경계 장치를 두지 않고 풍경이 서로 넘나들게
하는 방식을 떠올렸다.

이곳은 오래전부터 지형이 만들어 놓은 선, 물이 흐르는 선을
경계 삼아 땅을 일궈왔다는 것을 알 수 있었습니다.
그래서 소담재의 경계도 그 정도로만 인식하면 될 것이라 봤고,
경계가 모호한 부분은 조경을 더해 풍경을 만들기로 했어요.
배수로 또한 지형을 새로 깎아 조성하기보다 기존 물꼬를 그대로
유지하는 것으로 가닥을 잡았습니다. 그때의 결정이 이 집의
풍경을 만들어 냈다고 해도 과언이 아니에요. 언덕의 숲을 곁에
두고 깊게 바라볼 수 있게 된 계기라고 생각합니다.

언덕 왼편에는 우현주 선생님의 부모님 댁이 먼저 자리를 잡고
있었다. 대상지를 지나쳐 낮게 오르는 샛길의 끝자락이다.
어머님은 마침 현장 조사를 마친 윤근주 건축가에게 직접 기른
채소로 맛있는 점심을 대접하셨는데, 이때 거실 큰 창에 서서
바깥 풍경을 살피던 건축가는 부모님의 마음을 헤아릴 기회를
얻게 되었다. '단풍나무 너머가 새로 지을 집의 자리가 되겠지.
저곳에 딸네 집이 들어서면 부모님들이 이 창으로 자주
내려다보시겠구나. 여기서 새 집의 거실과 식당이 보이게 하면
어떨까?'

땅의 모양은 언덕이 시작되는 경계선과 대지 북측의 마을 길,
그리고 부모님 댁으로 낮게 오르는 길이 만드는 삼각꼴이다.
350평이 넘는 너른 땅은 처음부터 두 단으로 형성되어 각각
농기계 보관소와 비닐하우스가 자리 잡고 있었는데, 결론부터
말하면 지형을 바꾸지 않고 집을 지었다. 그 이유는 같은
레벨로 땅을 조성하려면 개발행위허가 등의 행정 업무가 필요해
그만큼 시간이 걸리기도 하지만, 그보다 언덕을 사용해 온
마을 사람들의 지혜가 담긴 '자연 지형'을 그대로 받아들여
유지하고 싶은 마음이 컸기 때문이다.

> 이전에 경작지였을 거라는 이야기를 들었어요. 땅을 구분하는
> 경계는 자연이 준 지형의 선 그대로고요. 45평(150㎡) 남짓한
> 집을 짓기에 윗단의 면적이 작지 않았고, 아랫단의 텃밭은
> 건축주가 꿈꾸는 전원생활에 안성맞춤이었습니다. 또 조금이라도
> 부모님 댁 가까이에 살고자 하는 바람, 마을 길 쪽의
> 프라이버시를 보호하려는 의도에도 부합하는 선택이었죠.
> 결과적으로 한쪽은 직선형 경사면이고, 맞은편은 산 숲의
> 형태대로 구불구불한 경계선을 가진 집터가 되었습니다.

윤근주 건축가는 땅을 읽어 얻은 기본 방향과 필요 기능들,
그리고 건축주의 요구사항을 수용하여 ㄹ형, L형, Y형 등 여러
가지 건물 형태를 검토했다. 그 과정에서 어떤 형태를
취하느냐에 따라 외부 공간과의 관계나 기능의 강약이 달라지는
것을 확인했으며, 모든 과정을 건축주와 함께 공유하고
평가했다. 그중 가장 먼저 선택된 것은 Y형이다.

> 세 방향으로 따로 뻗은 모양이 각각의 방에 독립성을 부여합니다.
> 건물 덩어리와 덩어리 사이의 외부 공간은 작은 마당이 되고요.
> 적당한 거리로 큰 마당과는 다르게 쓰일 수 있습니다. 가운데는
> 각 방향을 다시 하나로 모으는 중심 공간을 넣을 수 있지요.

세부 대안을 만드는 과정에서 사용자의 요구와 면적, 가구 배치, 동선 등을 고려하고 외부 공간의 지형과 바라보는 풍경도 헤아렸다. 그러다 보니 Y형의 한 팔이 길어지거나 각도가 달라지는 등 형태 변화가 일어났지만, 대지의 동서 방향으로 긴 형태는 유지되었다. 그런데 거실이 삐죽 튀어나온 ㅏ형태로 세부 계획이 진행되던 중, ㅣ자형에 대한 검토를 바라는 건축주의 요청이 있었다. 애초 계획했던 36평 규모에서 점점 증가되는 면적이, 새삼 단순하고 소박한 삶에 맞지 않다는 생각이 드셨다고 한다.

> 미니멀 라이프에 익숙해져야 하는데 공간감이 없어서 그랬는지, 저희가 점점 규모를 늘리는 방향으로 요구사항을 전달했더라고요. 그래서 일구구공 도시건축에도 단순한 삶을 계속 인식시켜 달라고 말씀드렸어요. 처음에 보여주신 사례 중 단층의 심플하게 긴 집이 매력적이라고 생각했는데, 자료를 찾아보니 저희 마음에도 쏙 들었습니다. 그렇게 일자로 긴 집이 땅 위에 모습을 드러내는 것을 보고 마을 사람들이 교회나 요양원을 짓느냐고 묻기도 했어요. 의도하진 않았지만 학교 같은 느낌도 들었고요. 덕분에 우리가 살아온 교직 인생에 다시금 자부심을 갖기도 했습니다.(웃음)

40평으로 조정된 ㅣ자형 집에 다섯 평의 별채가 추가된 소담재는 경제적인 방법으로 주어진 땅을 효율적으로 경영하고 건축주의 삶의 방식에 부응하는 결과를 가져왔다. 긴 건물은 대지에 가로 놓여 안마당과 바깥을 구분했고, 마을 길에 면한 쪽에서는 폐쇄적이지 않을 만큼의 낮고 긴 창을 가진 담장이 되어 주었다.

소소한 삶을 생각하는 건축주들의 마음은 마감재를 선택하는 데도 여실히 반영되었다. 건물 안팎으로 구분 없이 적용된 벽돌과 노출 콘크리트는 다른 재료 혹은 주변 환경과 무난하게 어울리면서 유지보수가 쉽고, 오래 봐도 크게 싫증 나지 않는다.

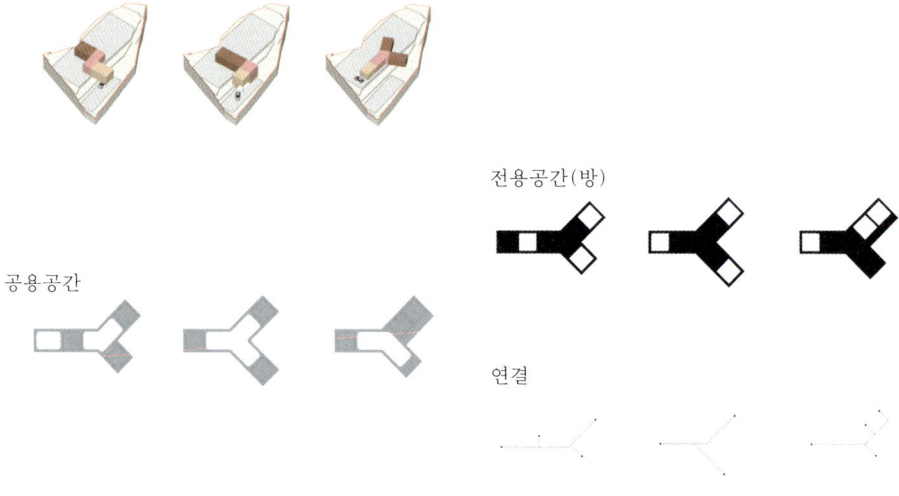

그리고 무엇보다 두 선생님이 살아가는 모습과 닮아 있다.
이영탁 선생님은 소담재의 의미를 설명하는 글에서 콘크리트와
벽돌이 빛과 창을 만나 산골짜기에 잘 어울리는 소담한 모습을
지니게 된 것 같다고 덧붙이기도 했다.

> 한글로 '소담하다'는 생김새가 알차고 보기 좋은 데가 있다는
> 의미도 있어요. 콘크리트와 붉은 벽돌이 어울려, 외부에서는
> 중량감을 느낄 수 있고 시간, 빛, 기후에 따라 시시각각 주변
> 자연환경과 오묘한 조화를 만들어 내며 다양한 아름다움을
> 보여줍니다.

벽돌은 단층의 박스 건물에 불쑥 솟아오른 아치형 모양의
구조를 실현하는 데 도움을 주었다. 금속 거푸집을 사용하여
콘크리트로 형태를 잡은 후 단열재 시공을 마치면, 외장용
벽돌쌓기로 곡면을 만드는 게 어렵지 않다. 소담재는 이 곡면
볼륨뿐만 아니라 매끈한 막대형 건물에 변화를 주는 요소가
군데군데 있다. 이를테면 긴 매스를 절개하여 만든 틈 같은 것,
긴 집의 매력이 비단 외부에만 있지 않다는 표식 같은 것이다.

소담재의 내부는 복도에 방들이 달려 있는 모양새입니다. 각 방의 관계가 수평적으로 이어져 있어요. 거실과 주방도 하나의 방으로 복도에 붙어 있을 뿐 따로 집을 장악하는 중심 공간으로 존재하지 않습니다. 복도는 원하는 방들을 자유롭게 연결합니다. 거주자의 방 선택에 따라 한 집 안에 여러 생활 양식이 조직될 수 있는 열린 사회 구조를 지향한다고 말할 수 있어요.

건축의 형태와 배치가 결정되는 동안 평면 구성과 실의 기능을 살피는 일이 병행되있다. 창은 어디로 향하고 크기는 어떠한지, 문은 어떤 방향으로 열리고 동선은 어떻게 이루어지는지, 수납 공간의 크기와 주방 구성은 어떠해야 하는지… 허가를 받고 실시설계 도면을 그리는 동안에도, 아니 착공하여 공사를 진행하는 와중에도, 건축주가 소소한 요청 사항이나 고민을 말하면 건축가가 응하는 방식으로 소통은 지속되었다. 건축주의 몸에 맞는 편안한 집이 완성될 때까지 그렇게.

현관

소담재의 시작과 첫인상, 인생 3락의 문

건축가와 건축주의 첫 만남에는 '소담재'가 없었다. 학교 도서관
공간 재구조화 담당 건축회사 대표와 담당 교사로 만났기
때문이다. 이영탁 선생님은 평소 예술, 건축, 디자인 등의
분야에 종사하는 사람들에게 일종의 경외감을 갖고 있던 터라,
윤근주 건축가의 첫인상에서도 큰 신뢰감을 느꼈다고 한다.
이후 업무 협의 과정에서 건축가의 공간 철학에 공감하며
신뢰는 확신이 되었고, 집을 지을 계획을 세우는 동안 자연스레
도움을 요청하게 되었다.

집짓기를 결정하고 윤근주 건축가를 만난 우현주 선생님은
그의 첫인상을 '겸손하고 품격 있는 분'으로 기억한다.
특히 차분하고 명확한 발음으로 건축 과정을 설명하던 모습에서
'건축가 중에는 겉멋 든 사람이 많다'라는 선입견이 깨졌다.

> 당시 저희 부부는 '주택 건축'에 대해 오랫동안 공부해 온 것도
> 아니었고, 예산 규모가 안정적인 상태도 아니었어요. 그저
> 막연하게 시작하는 단계여서 밑도 끝도 없는 저희 이야기를 다
> 들어주셨죠. 주택 건축에 대한 상상과 도전을 현실적으로 다가갈
> 수 있게 많은 이야기를 들려주신 분입니다.

사람에게 첫인상이 중요하듯 집도 그렇다. 특히 책의 첫 장을
펼칠 때처럼, 처음 만나게 되는 현관은 단순히 출입구의
기능만이 아니라 집의 첫인상을 결정짓는 데 큰 비중을
차지한다. 소담재는 특별히 현관이 집 밖에서부터 시작된다.
현관문 앞에는 데크를 설치하고, 옆 벽면에는 이영탁 선생님이

손수 그린 그림과 '소담재'라고 쓰인 현판을 걸었다. 그리고 소담재의 백미(白眉)라 할 수 있는 마주하는 통창이 현관에 있다. 좀 더 자세하게 묘사하자면, 데크에 섰을 때 바로 보이는 통창이 있고 그 너머에 복도가, 또 그 너머에 동일한 통창이 있다. 즉, 현관 앞에 서면 집을 관통하는 빛과 자연을 그대로 마주하는 것이다. 마치 집이 아니라 자연속으로 들어가듯... 여기에는 풍경으로 매스를 잘라 크게 둘로 나누고자 했던 윤근주 건축가의 숨겨진 의도가 있다. 이 현관을 보고 『제가 살고 싶은 집은』의 저자 송승훈 선생님은 '이 곳에서 압도된다'라며 감탄을 표했다.

> 현관 디자인은 오로지 윤근주 건축가의 상상에서 나온 실험적 아이디어에요. 규모나 자재, 배치 등에서 크게 사치를 부리고 싶지 않았던 우리집에 고급진 품격을 더해준 느낌이라고 할까요? 손님들이 박물관이나 갤러리에 온 느낌으로 기대감을 갖고 들어오게 하죠.

실내로 들어섰을 때의 현관은 디자인보다는 실용적 요소에 중점을 두었다. 손님들이 들어올 때 신발장이 시선을 막지 않으면 좋겠다, 신발 매무새를 앉아서 정리할 수 있으면 좋겠다 등 우현주 선생님의 의견을 반영해 수납형 현관 벤치를 두었다. 신발을 신고 들어오는 곳이기 때문에 더러움이 덜 드러나도록 어두운 컬러의 타일로 마감했는데, 문 앞이 데크여서 현관은 더 깔끔하게 유지된다. 또 외부 활동에 필요한 물건을 보관할 수 있는 미니 창고도 만들었다. 고민이 많았던 중문은 프렌치 스타일의 양개형 여닫이문에, 신발장의 우드 컬러와 대비해 포인트를 이룰 수 있는 화이트 그레이로 결정했다.

매일 아침, 우현주 선생님과 함께 이 현관을 나서던 이영탁
선생님은 얼마 전 30여 년 교직 생활의 정년을 맞이했다. 마지막
근무지였던 공릉중학교 학생들에게 이름으로 지은 삼행시도
선물 받았다.

>(이)보다 더 도덕적인 선생님은 안 계셨다.
>(영)혼을 갈아서
>(탁)한 제자들을 선하게 만들어 주신 이영탁 선생님을 언제나
>존경합니다.

이렇게 이영탁 선생님은 학생들의 사랑과 응원을 받으며 이제
인생 3막의 문을 연다. 그리고 그 안에는 조선 후기 유학자
심흠이 말했던 인생 3락(樂)이 있기를 기대해 본다.

>인생의 3락은 첫째 문을 닫고 마음에 드는 책을 즐기고,
>둘째 문을 열고 마음에 맞는 인연들을 초대하여 즐기며,
>셋째 문을 나서서 마음에 끌리는 곳을 찾아다니면서 즐기는
>것이다.

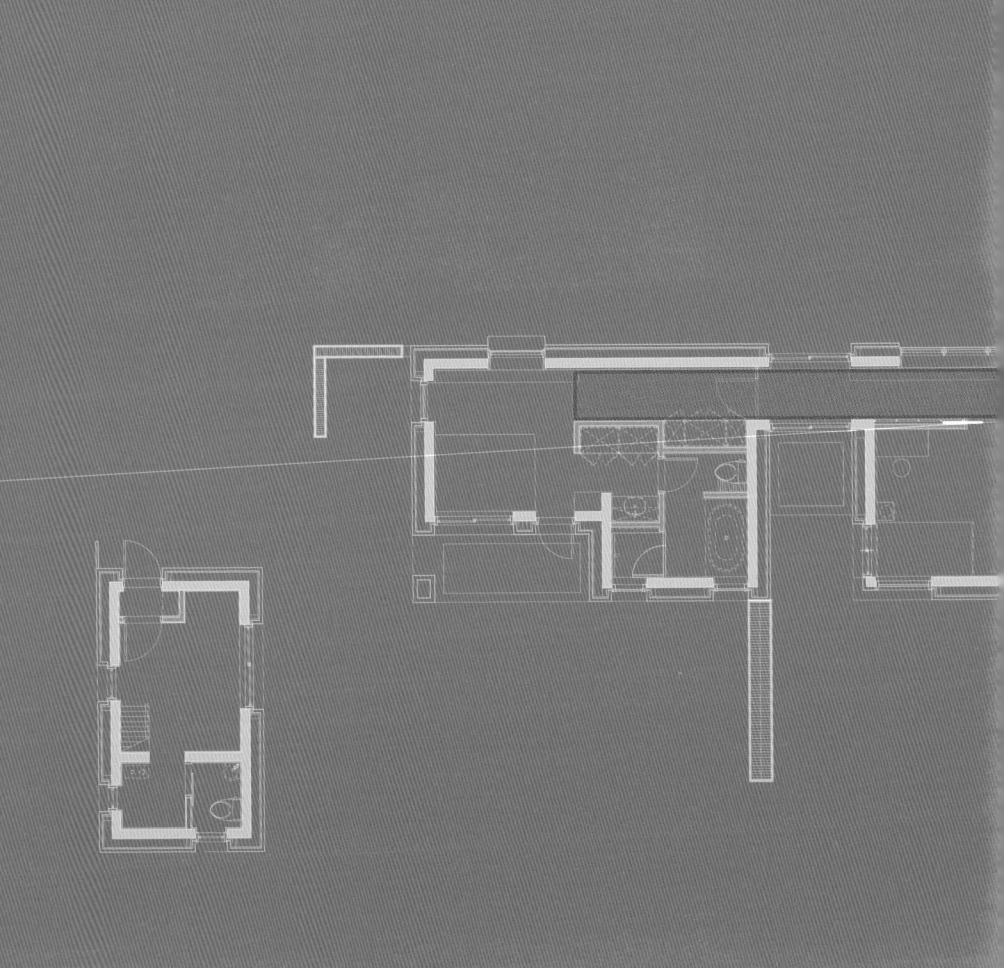

2장 공용 공간

복도

일자형 주택의 중심을 이루는 공간

소담재를 처음 본 사람들의 반응은 대체로 비슷하다. 이렇게 길쭉한 건물이 정말 집 맞느냐, 미술관이나 까페처럼 생겼는데 신기하다, 내부 구조가 궁금하다는 이야기가 대부분이다. 그리고 현관을 지나 소담재의 내부로 들어온 후에는, 좌우로 뻗은 복도를 보고 놀라움을 감추지 못한다. 폭 1.4m, 길이가 무려 33m에 이르는 소담재의 복도는 일자형 주택 설계 초기부터 결정된 형태였다.

> 단순하게 생각하면 방들의 집합체가 집인데, 방과 방이 접합된 형태에서는 사람이 지나다니는 동선이 생기면서 공간이 나뉘게 됩니다. 저는 방을 보다 독립적인 공간으로 만들려면 별도의 동선을 구비해 주는 게 좋다고 생각해 왔는데, 이게 소담재의 일자형 구조와 잘 맞았던 거죠.

윤근주 건축가는 소담재에 긴 복도가 탄생한 배경을 이렇게 설명한다. 그 복도를 마을 길 쪽으로 둘 것인지, 안마당 쪽으로 배치할 것인지는 다음 문제였는데, 안마당 쪽이 남향인 소담재는 복도가 안쪽으로 가면 이에 딸린 각 방들의 창이 북향이 되니 적절치 않았고, 또 마을 길에서 소담재를 바라볼 때 복도가 프라이빗한 공간(방)들을 한 번 걸러주는, 일종의 공간적 '켜'가 될 수 있었기에 선택은 어렵지 않았다. 여기에 마지막으로 긴 복도의 양 끝에 세로 통창을 넣음으로써 집 안팎으로 시선을 길게 만들겠다는 건축가의 아이디어가 덧붙었다. 우현주 선생님은 그렇게 긴 복도를 품은 일자형 주택의 조감도를, 처음 본 날을 잊을 수 없다고 회상한다.

> 앞산의 풍광을 마주하는 긴 집, 그리고 그 집의 복도에서
> 마을 풍경을 바라볼 수 있는 긴 액자 창문으로 멋을 낸 조감도를
> 처음 본 순간은 정말 감동이었죠. 지금 생각해도 가슴이
> 설레는 것 같아요.

건축주들의 마음을 설레게 한, 30m에 달하는 긴 복도는
어른 혼자 걸어갈 정도로 폭이 좁지만, 협소함에서 오는
폐쇄성은 전혀 느껴지지 않는다. 복도를 따라 마을 방향으로
낮고 길게 이어진 액자형 창문, 현관 옆으로 배치된 양방향
통창, 긴 복도 끝을 장식한 세로 통창이 동서남북 사방으로
시선을 열고 빛을 들이기 때문이다. 여기에 노출 콘크리트를
살린 창문 쪽 벽과 천장 상단부에서 내려오는 은은한 조명,
벽에 걸린 다양한 미술 작품은 좁은 복도를 마치 갤러리 같은
공간으로 연출한다.

> 복도에는 한솔이가 그린 그림, 제가 한 아트테라피, 서양화를
> 전공한 사촌 처제의 그림 등 다양한 작품이 걸려 있습니다.
> 중간중간 놓인 창으로는 사계절 자연 풍광을 감상할 수 있고요.
> 어느 겨울 새벽, 복도를 지나다가 무심코 바라본 창을 통해
> 기막힌 설경(雪景)을 감상하기도 하는데, 그럴 때는 창문이 마치
> 그 자체로 한 폭의 그림 액자 같습니다.

이영탁 선생님의 말처럼 소담재의 복도는 많은 것을 누릴 수 있는 공간이다. 특히나 부부 침실과 식당에 연결된 복도에는 붙박이 테이블과 책장, 원목 바 체어가 구비되어 다양한 방식으로 창밖 풍경을 즐길 수 있다. 따뜻한 우드 소재의 가구는 때로 차 한 잔 마실 수 있는 티 테이블이 되고, 때로는 차분히 독서를 즐길 수 있는 도서관 책상이 되며, 가끔은 그림을 바라보며 와인 한 잔 기울이는 바 테이블로 변신하곤 한다.

> 사실 복도는 이동 공간이잖아요. 하지만 복도를 왔다갔다하는 시간보다 그렇지 않은 시간이 훨씬 많으니까, 방에 있을 때는 복도 쪽으로 공간이 확장될 수 있도록 평면 구성을 했습니다. 확장이라는 게 뭐 거창하게 벽을 여는 게 아니라, 그 공간에서 쓰는 가구나 필요한 물품들이 복도 쪽으로 놓여서 쓰이면 되는 거니까요. 부부 침실에서는 클로젯이 되고, 식당에서는 티 테이블이 되는 것처럼요.

윤근주 건축가의 알찬 공간 계획 덕에, 소담재의 복도는 적막함 없이 활기가 넘친다. 가족들이 종종 복도에 머무르거나 수시로 지나다니며 마주치는 데다, 서로가 어디에서 무얼 하고 있는지 늘 복도를 통해 확인하기 때문이다. "모든 길은 로마로 통한다"라던 어느 프랑스 작가의 비유를 살짝 빌리자면, 소담재의 모든 공간은 복도로 통하기에 이곳을 지나지 않고서는 다른 곳으로 갈 수도 없다. 소담재에서 복도란, 단순한 연결 공간이 아닌 집의 중심이 되는 공간인 것이다. 누군가는 이걸 '비효율적인 동선'이라고 하겠지만, 어떻게 보느냐에 따라 관점은 다를 수 있지 않을까.

우리가 효율적이라고 생각하는 아파트를 떠올리면 비효율적
구조인 건 맞죠. 침실에서 물 한 잔 마시러 주방에 가거나
거실에서 TV를 보다가 화장실을 가려면 복도를 한참 걸어야
하니까요. 하지만 그런 비효율적 구조에서 오는 '사소한
번거로움'이 주는 행복이 있어요. 복도를 지나다 우연히 창밖
풍경을 보며 계절을 느끼고, 가끔은 멈춰 서서 생각에 잠기고,
복도에 걸린 그림이나 책장에 놓인 책을 보며 추억을 떠올리기도
하거든요.

큰아들 한솔 씨의 이야기대로, 소담재의 긴 복도는 종종
불필요한 '움직임'을 유발한다. 하지만 우리 몸은 의식적으로든
무의식적으로든 일정량 이상을 움직일 때, 몸은 물론이고
때로는 마음까지 최적의 상태에 이른다. 그런 의미에서 보면
집이 사람의 삶의 방식을 바꾸는데, 아무래도 단독 주택이 보다
건강한 형태의 삶으로 바꿔주는 것 같다. 우리는 일상의
편리함이나 편의성을 보다 높은 가치로 추구하지만, 그렇지
않은 삶도 또 다른 방식이고 어쩌면 더 건강한 삶의 방식이라는
것을 소담재가 말해주는 것 아닐까. 인생의 행복은 종종
'목적'이 아닌 '과정'에서 찾게 되는 것처럼 말이다.

언젠가 이 복도는(아마도 조만간) 어린 손주들의 달음박질,
장난감 자동차의 경주 레이스 등으로 시끌벅적해질 것이다.
"뛰지 마~", "다쳐, 조심해!"라는, 할아버지 할머니의 애정 어린
타이름과 아이들의 재잘거림, 가족들의 웃음으로 가득한,
그래서 더욱 행복할 소담재의 복도를 상상해본다.

45 2장. 공용 공간

식당

회복하고 평안을 얻는 소담(鮹憺)의 공간

우리는 가족을 때로 '식구'라고 부른다. 가족을 '한집에서 함께 살면서 끼니를 같이하는 사람, 식구'라고 부를 수 있는 것은 그만큼 집에서 식당의 역할이 막대하다는 의미다. 소담재도 다르지 않다. 우현주 선생님의 바람대로 한 면이 근사한 빨간 벽돌벽인 식당은 의미가 남다른 공간이다. 그 의미를 설명하기에 앞서, 소담재의 시작이자 든든한 지원군이었던 부모님의 집 이야기부터 시작해야 한다. 조금은 긴 이야기일 수도 있지만.

우현주 선생님의 부모님은 식료품 가게, 중화요리 식당, 동네 슈퍼를 운영하며 누구보다 열심히 살아오신 분들이다. 길음동 상가 동네의 골목 골목이 미로 같던 시절, 상당 부분 대출을 받아 5층 건물을 짓고, 1층에서 동네 슈퍼를 운영하셨다. 누구보다 성실히 일하며 빚을 거의 상환했을 즈음, 아버지께서 뇌혈관 질환으로 쓰러져 일을 그만두어야 하는 상황이 되었다. 얼마 후 지금의 뉴타운 계획으로 보상을 받은 부모님들은 제2의 고향이던 길음동을 떠났다. 바늘 가는 곳에 실이 간다고, 부모님은 자녀들이 거주하는 의정부로 터전을 옮겼다.

이후 여러 과정을 거쳤지만, 부모님들은 당시 아버지의 누님이 살고 계셔서 낯설지 않았던 포천에 땅을 매입하셨고, 그곳이 바로 지금 소담재가 있는 곳이다.

> 처음에는 관리되지 않은 집과 텃밭, 그리고 양계장으로
> 사용했다던 막사가 전부였어요. 하지만 집을 돌볼 겨를도 없이

얼마간은 암투병하시던 아버지의 수술과 회복 기간이 필요했죠.
다행히 아버지는 건강이 회복되셨고, 추운 겨울에는 의정부에서
동생 부부와 함께 계시다가 봄이면 여기 포천 집으로 와 텃밭에
농사지으며 지내셨어요. 직접 농사지은 배추와 무로 김장을 하신
뒤엔 다시 의정부로 돌아가는 생활을 반복하셨고요.

부모님을 뵈러 포천집에 오면 우현주 선생님의 아버지께서는
퇴직하면 막사가 있는 자리에 집을 짓고 사는 게 어떻겠느냐는
이야기를 자주 하셨다. 그럴 때마다 선생님은 그런 날이 올까?
시골에 산다는 건 어떤 걸까? 지금 살고 있는 아파트를 팔아서
집을 지을 수는 있을까?... 이런 생각들로 먼 이야기처럼
느꼈다고 한다. 그리고 막연하게 집을 짓는 것은 퇴직 이후의
문제라고 미뤄두었다.

결혼과 동시에 27년간 모시고 살던 시어머니께서 치매로 혼자
집에 계시기 어려워지고 결국 걷기도 힘들어지면서 요양원에
들어가시게 되었어요. 그러면서 더 늦기 전에 친정 부모님 곁에서
농사짓고 사는 걸 누려 보자, 부모님과 함께 하는 시골살이는
그동안 고군분투했던 30여 년 교직 생활의 보상이자 우리에게
주는 선물, 힐링이 될 수도 있겠다는 생각이 들었죠.

그렇게 소담재 건축을 결심한 우현주 선생님이 원하는 내 집의
조건은 상상하면 할수록 많아졌다. 아침볕이 잘 드는 집,
유난히 추운 경기 북부의 겨울에도 과한 난방비가 들어가지
않는 집, 카페나 갤러리 같은 분위기의 집, 통풍이 잘 되는
창이 있는 화장실 등등. 하지만 이 중에서 결코 포기할 수
없었던 두 가지 로망이 있었다. 첫 번째 로망은 내 집 식탁에
앉아서 부모님의 안부를 확인하고, 부모님도 집에서 우리를
볼 수 있도록 하자는 것.

식탁에 앉으면 부모님 집이 한눈에 들어올 수 있도록 주방 쪽으로
통창을 두었습니다. 그 앞에 담장이 낮은 마당을 두면서 개방감도
주었지만, 어머니께서 불을 끄고 켜는 모습까지 볼 수 있지요.
어머니께서 언제든 몇 걸음만 걸어 내려오시면 바로 식탁에서
함께 식사를 할 수 있는 것은 당연하고요.

건축주의 바람을 이렇게나 멋지게 해결해 준 윤근주 건축가의
혜안(慧眼)은 우현주 선생님의 양보할 수 없는 두 번째 로망을
동시에 실현시키며 식당의 화룡점정(畵龍點睛)이 되었다.
천장의 아치가 시작되는 지점까지 높고 시원하게 뻗은 통창은
바깥의 자연을 실내까지 그대로 들여오기 때문이다. 또 밝은
빛이 들어오는 천창으로는 비 오는 날의 경쾌한 빗소리, 눈 내린
날 살포시 내려앉은 눈송이를 통해 자연 속에 있음을 더욱
실감하게 된다.

제가 꼭 원했던 식당은, 통창으로 바깥 마당의 사계절 모습이
항시 눈에 들어오는 것이었어요. 식당에 앉아서 밥도 먹고, 차도
마시고, 손님과 수다도 떨고 할 텐데, 그때 항상 자연이 내 옆에
있어 마치 야외 식탁인 듯한 느낌을 만끽하고 싶었거든요.

하지만 선생님께서 원하던 포인트가 하나 더 있었기에 윤근주 건축가와의 조율 과정도 필요했다. 본래 두 분 선생님은 폴딩 도어 형태의 통창을 원하셨다. 날씨가 따뜻할 때는 문을 개방해 환기도 하고, 드나들기가 편하다는 의견이었다. 하지만 심미성과 실용성 두 마리 토끼를 전부 잡을 수는 없었기에, 윤근주 건축가는 두 분께 장문의 카톡을 보냈다.

> 우선 창이 문과 동일시될 때는 창이 문의 크기 이하가 되어야 합니다. 자연히 폭과 높이가 제한되고, 문틀처럼 프레임이 두꺼워지니 닫혀 있을 때는 풍경이 쪼개지죠. 또 폴딩 도어는 상단 접히는 부분에 낙엽 같은 것들이 들어가서 하자를 발생시킬 우려가 높기 때문에, 폴딩 도어를 설치하려면 반드시 처마를 내야 합니다. 하지만 처마를 만들면 아치형으로 올라간 라운드 부분이 잘려서 공간적 연속성은 떨어질 수밖에 없습니다. 이런 문제들로 창은 창대로 두고, 출입문을 조금 더 키우는 방향으로 진행하는 게 좋겠다는 의견을 드립니다.

카톡 메시지를 받고도 한동안은 고민을 계속했지만, 결국 두 분은 자연이 오롯이 한 폭으로 들어오는 통창을 받아들였다. 대신 윤근주 건축가는 옆으로 난 출입문을 더 키워 이동이 간편하도록 했다. 이 문으로 친정어머니는 수시로 드나들며 이야기를 나누거나 소소한 농사일을 함께 하신다. 또 날씨가 좋은 봄이나 가을날에는 우현주 선생님께서 원하셨던 것처럼 지인들을 초대해 마당에 식탁을 차린다. 주방에서 갓 지은 밥과 각종 음식들을 내오기에 전혀 불편함이 없으니 어쩌면 두 마리 토끼를 다 잡은 묘책이 아닐지...

이렇게 완성된 식당은 단지 음식을 먹는 공간이 아닌 소담재의 커뮤니티 공간이 되었다. 특히 청소년 관련 프로젝트뿐 아니라 지역 문화재단과 함께 주민과 문화예술인의 활동 기획에 참여하는 큰아들 한슬 씨는 지금까지 꽤 많은 동료와 친구들을

초대한 애용자다. 지난해에는 24명을 초대해 소담재에서
워크숍을 진행했는데, 식당은 가장 핵심 공간으로 사용되었다.
막내아들 해찬 씨도 아파트에서 살 때와 달라진 삶의 중심에는
식당이 있다고 말한다.

> 아파트에서 살 때는 각자 방에서 시간을 보냈다면, 소담재로
> 온 후에는 공용 공간에서 최대한 오래 머물다가 잠자리에 드는 것
> 같습니다. 특히 식당에서는 자주 밤 늦게까지 부모님과 함께
> 이야기를 나눕니다. 통창으로 보이는 풍경이 시간의 흐름에 따라
> 달라지기 때문에, 가만히 앉아 있어도 자연에서 식당, 카페로
> 바뀌며 힐링의 시간을 보내는 느낌이 들죠.

이렇게 가족과 동료, 친구들과 지인들의 이야기가 쌓여 가는
식당 덕분에 한솔 씨의 표현대로 소담재는 '누구나 환대할 수
있는 집'이 되었다. 환대받기에 누구나 머물고 싶어 하는
소담재의 식당에 있자면 이런 시구가 떠오른다.

> "10년을 경영하여 초려삼간 지어 내니
> 나 한 칸 달 한 칸 청풍 한 칸 맡겨 두고
> 강산은 들일 데 없으니 둘러 두고 보리라"

주방 / 세탁실

노동이 행복으로 변하는 마술

많은 사람들이 '주방'이라는 공간에서 엄마, 된장찌개, 밥 냄새, 설거지 등 '부엌'에 가까운 단어들을 연상한다. 그리고 유독 온 가족의 삼시 세끼를 준비하던 엄마의 희생과 수고를 떠올리게 된다. 하지만 요즘은 시스템, 요리, 공유, 카페 인테리어 등이 연상될 정도로 주방에 대한 인식이 점점 달라지고 있다. 우현주 선생님에게도 두 가지 주방이 있다. 퇴근 후, 신발을 벗자마자 저녁 식사를 준비하고 치워야 했기에 노동의 공간에 가까웠던 과거 아파트의 주방, 그리고 텃밭의 수확물로 즐겁게 요리하고 부부가 함께 소박한 밥상을 준비하는 지금 소담재의 주방이다. 같은 기능을 지닌 공간인데, 다른 느낌으로 다가오는 이유는 무엇일까?

> 제 가사 노동에 의지하는, 그러니까 온전히 보살펴야 하는 대상의 유무가 가장 큰 차이겠지요. 아프신 시어머니도 어린 아들들도 이제는 집에 없으니까요. 다음으로는 우리 집이 달라진 것일 테고요. 자연과 텃밭으로 둘러싸여 있고, 함께 움직여도 동선이 꼬이지 않는 구조의 주방이 있는 소담재에서 살고 있으니까요.

텃밭에서 갓 따온 채소로 만든 샐러드와 나물 반찬, 건조해 둔 취나물과 호박고지로 만든 반찬 등은 소담재를 방문한 손님들에게 인기 만점 메뉴다. 육식을 거의 하지 않는 큰아들도 이런 엄마표 음식을 항상 좋아한다. 지인들과 먹거리로 소소한 행복을 나눌 수 있어 부부 선생님께는 큰 보람을 주는 주방이지만, 집을 지을 때는 한 가지 아쉬운 점이 있었다. 우현주 선생님은 가족과 함께 식사를 준비하면서 주방을 가족

모두의 공간으로 만들 수 있는 대면형 아일랜드 싱크대를 두고
싶었지만, 이룰 수 없었기 때문이다.

> 아일랜드 싱크대는 꽤나 넓은 규모의 주방이어야만
> 가능하더라고요. 우리 집 주방에서 아일랜드 싱크대와 독립적인
> 식당을 동시에 구현하기 어렵다는 것을 알게 됐죠. 사실 주방과
> 식당의 그림을 얼마나 많이 그렸는지 모릅니다. 변덕이 심한 저희
> 때문에 설계팀에서 고생 많이 하셨을 거예요.

자칫 싱크대를 주방 가구로만 본다면 가구 구입이나 인테리어
단계에서 고민해야 하고, 그렇다면 설계팀과는 무관하다고
생각할 수도 있다. 하지만 싱크대는 전기 배선이나 수도 배관
등을 고려해 위치나 형태를 결정해야 하기 때문에 설계팀의
고민이 커질 수밖에 없었다. 결국 우현주 선생님이 아일랜드
싱크대를 포기하고 11자형 싱크대로 결정하자, 소담재 주방의
전체 구조, 보조 주방 안의 세탁기·건조기 위치, 보조 싱크대
수조 위치를 잡기까지의 과정이 순조롭게 진행됐다. 메인과
보조 싱크대가 마주 보는 11자 스타일은 여럿이 함께 활동해도
동선이 복잡해지지 않아, 부부가 함께 식사를 준비하는 데
아주 용이하다. 그래서 간단한 식사라도 이왕이면 예쁘게
플레이팅(plating)해서 여유롭게 먹고자 하다 보니, 스스로를
잘 대접하는 기분이 예상하지 못했던 또 다른 만족감을 준다.

그런데, 우현주 선생님이 미처 예상치 못했던 점이 한 가지
더 있다. 가스 배관을 야외에 연결시켜 야외 주방 공간을
만들자는 윤근주 건축가의 제안이 있었는데, 당시에는 쓸 일이
많지 않을 것 같아 패스했다. 또 보조 주방에 가스레인지
설치 여부도 물어보았는데, 그때 제안대로 했다면 꽤나
유용했을 것 같아 후회하고 있다. 물론 당시에는 무 이파리를
우거지로 삶고 큰 솥에 오랜 시간 옥수수를 삶을 일이 있을
거라고는 미처 예상하지 못했다.

지금 생각해 보면 윤 소장님은 집에서 요리하기를 좋아하는
분이라 전기레인지보다 센 불이 가능한 보조 가스레인지의
필요성을 아셨던 거 같아요. 저희 집을 방문할 때마다
직접 집에서 만든 장아찌나 소스 등을 가져오곤 하셨거든요.
항상 실용적인 부분을 염두에 두는 윤 소장님의 탁월한
제안이었구나 라고 생각하고 있습니다.

윤근주 건축가는 실용적인 것과 심미적인 것 사이에서
늘 선택의 고민을 해왔다. 하지만 그는 '건축에서 아름다움은
실용과 떨어져 있지 않다'고 믿기에, 실용적 기능에 대한
관용도가 조금 더 넓은 편이라고 자평한다. 건축을 미학적
측면으로 봤을 때, 기능적으로 충족되지 않으면 아름답다고
말할 수 없다고 생각하기 때문이다.

그래서 윤근주 건축가는 주방에 아이디어를 하나 더 추가했다.
복도 방향으로 통하는 동선을 하나 추가해서 주방에 '□' 모양의
회전 동선을 만든 것이다. 복도를 쉽게 오갈 수 있도록 함으로써
식당이나 거실 쪽에 손님이 있을 때 보조하는 사람이 훨씬
더 자유롭게 드나들 수 있다. 처음 계획대로라면 세탁실을 가기
위해 식당과 주방을 거쳐 돌아가야 하는데, 이제 복도에서도
몇 걸음이면 세탁실로 바로 갈 수 있고, 다른 재미를 느낄 수
있는 유쾌한 상상도 가능하다. 예를 들면, 아들이 주방에서
일하는 엄마 몰래 살짝 세탁물을 가지고 와서 정리하는 깜짝
이벤트 같은?

선생님들은 처음부터 세탁실이 집의 중앙 부분에 위치하기를
원하셨습니다. 세탁을 위해서는 옷가지나 이불 등을 가지고
이동해야 하니까 가운데쯤이면 동선이 효율적이라고 생각하신 것
같아요. 그래서 물을 사용하고, 물이 흘러서 방수가 필요한
공간들을 '웻존(Wet-Zone)'으로 묶으면서 재밌는 동선이
나왔습니다.

한결 편리해진 동선 외에도 소담재의 세탁실은 장점이 많다. 아파트와 달리 겨울에도 세탁실 수도관 동파를 걱정하지 않아도 되고, 늦은 밤이든 이른 새벽이든 층간 소음 문제없이 원하는 때에 세탁기를 돌릴 수 있다. 보조 주방 안에 세탁실이 있는 구조로, 개수대에서는 부엌에서 쓰는 행주나 바닥 청소를 한 걸레 등을 간단하게 손빨래할 수도 있다. 우현주 선생님은 종종 테라스에 쪼그리고 앉아 손빨래를 해왔기에, 항상 바닥에 물이 흥건했던 기존 아파트의 불편함이 사라진 것이 굉장히 만족스럽다고 이야기한다.

> 소담재로 오고 나서 세탁은 많은 부분이 편리해졌어요. 특히 고민 끝에 어쩔 수 없이 교체한 세탁기와 건조기를 볼 때마다 가사 노동을 효율적으로 할 수 있는 기능적 요소들이 좋아지는 건 참 다행스러운 일이라는 생각이 듭니다.

하지만 무엇보다 가사 노동의 부담을 덜어주는 일등 공신은
다림질 담당 이영탁 선생님이다. 가족들 모두 몇 가지 여름옷을
제외하고는 다림질할 옷이 많지 않아 거실 수납함에 모아
두었다가 한꺼번에 다리곤 하는데, 군대에서 다림질 좀
해본(^^) 이영탁 선생님이 기꺼이 도맡아 주기 때문이다.

이렇게 다방면으로 만족도가 높은 소담재의 주방·세탁실에는
최근 우현주 선생님의 센스가 돋보이는 아이디어가 더해졌다.
작은 미닫이 컵찬장을 맞추어 싱크대의 식당 방향 끝에 놓고,
그 위에는 작은 식물들을 오브제로 둔 것이다. 얼핏 보면
별반 새롭지 않은 수납 공간이나 장식이라고 여길 수도 있지만,
실제 찬장의 주요한 역할은 조리대와 싱크대의 그릇을 가려
주방이 더 깔끔해 보이도록 하는 가림막 기능이다.

> 처음부터 주방과 식당을 좀 더 확실하게 분리하고 싶었어요.
> 식당에서 주방이 보이지 않게 하고 싶었거든요. 파티션 제작도
> 생각했는데 비용이 만만치 않고 오히려 더 좁고 답답해
> 보이겠더라고요. 고민이 많았는데, 지금은 안성맞춤으로 보완이
> 돼서 만족하고 있어요.

살면 살수록 집은 주인을 닮는다고 했던가. 나와 우리에게
맞도록 보완하고, 취향을 반영한 손길을 더하고, 처음보다
더 만족하게 되는... 그렇게 소담재는 주방부터 주인을 닮아가고
있다.

거실

소담재의 정체성을 구현한 공간

왜 집 이름을 '소담재(鮂憺齋)'로 지었냐고 많이들 물어보세요.
'소담(鮂憺)'은 편안함, 고요함이 되살아난다는 뜻인데,
오랜 시간 아이들을 가르치며 열심히 살아 온 우리 부부가
그동안 소진되었던 내면을 회복해 남은 인생을 안정되게
살고 싶은 바람을 담은 것이죠.

소담재를 작명한 이영탁 선생님은 집에 이름을 붙여주고,
그것을 노래하듯 자주 부르는 게 매우 의미 있는 일이라고
생각한다. 마치 누군가 이름을 불러주었을 때 하나의 몸짓에
지나지 않던 존재가 꽃이 되어 다가오는 것처럼, '집'이라는
인공구조물에도 의미가 부여된 고유명사가 있다면 그곳에
사는 사람들이 이루고 싶은 삶에 조금씩 다가가게 될 것 같다는,
마음 한 자락의 표현이랄까. 이제는 고인이 된 건축가 이일훈
선생님도 집이나 방에 이름을 붙이고 불러주는 것이 중요한
건축 행위의 하나이자 즐거움이라고 했다. 그렇다면 '소담'에
붙은 '재(齋)'는 어떤 의미일까?

예로부터 학자들은 자신의 집에 이름 붙이는 걸 좋아했지요.
주로 지역 명칭이나 아호(雅號) 뒤에 당(堂), 헌(軒), 누(樓), 방(房),
각(閣) 등을 더해 지었는데, 저는 '재(齋)'를 선택했어요. 재(齋)는
제사를 지내거나 한적하고 조용한 곳에서 소박하게 학문을
연마하기 위해 지은 건물이에요. 경치 좋은 곳에 작고 검소하게
지어 사용하는, 살림집에 딸린 암자 같은 공간인 거죠.

모자라지도 넘치지도 않게 소박하지만 깔끔한 공간.
이영탁·우현주 선생님이 바라는 집은 그런 모습이었고,
집주인의 바람을 담아 지어진 소담재는 실제로 그런 곳이다.
그리고 집의 가장 동측에 위치한 거실은 특히나 이름에
걸맞은 정체성을 보여준다. 소담재를 상징하는 긴 복도, 그 복도
끝 세로 통창을 품은 약 네 평 정도의 공간이 거실의 전부이기
때문이다.

> 아파트를 비롯한 현대식 주택에서는 거실이 공간의 구심점
> 역할을 하고, 그래서 대체로 가장 많은 면적을 차지합니다.
> 넓은 공간에 놓인 큰 TV, 긴 소파, 화려한 장식장... 어떻게 보면
> 오늘날의 집에서 거실은 가장 '권위적인 공간'의 상징이지요.
> 하지만 소담재에서는 그런 거실조차도 복도에 딸린 하나의
> 공간으로 평등하게 기능하도록 만들고 싶었습니다.

설계를 담당한 윤근주 건축가는 '소담재'를 꿈꾸는 두 건축주의
바람을 정확히 읽었다. 그래서 '(규모는) 작지만 (기능은) 알찬'
거실을 배치했다. 물론 가족 모두가 동의하는 '작지만 알찬'
거실로 가기까지 그 과정이 마냥 순탄했던 것은 아니다.

> 제가 거실 벽난로에 대한 환상이 있었어요. 전원주택의 벽난로는
> 난방 기기로서의 역할도 있지만, 따뜻한 벽난로 앞에 모여 앉아
> 도란도란 이야기하며 군고구마 같은 음식을 나누어 먹는 모습이
> 참 낭만적이라고 생각해 왔거든요.

벽난로에 오랜 로망을 품었던 이영탁 선생님은 며칠 밤을 새워가며 일자형 주택에서 구현 가능한 벽난로의 형태와 기능을 연구했지만, 결국 포기해야 했다. 한정된 공간에서 한쪽 벽면을 벽난로로 장식했을 때 사라져야 할 것들 - TV 거치대, 서가, 수납장 등 - 을 고려하면 불가피한 선택이었고, 비용과 관리가 만만치 않을 거라는 우현주 선생님의 현실적 조언도 수용해야 했다. 이처럼 주택 건축은 이상과 현실의 괴리 사이에서, 무엇을 관철시키고 무엇을 포기할 것인가에 대한 끊임없는 고민과 선택의 과정이라는 것을 새삼 깨닫는 순간도 마주하게 된다.

그런데 사실 소담재의 거실은, 공간이 작다 하여 기능까지 부족한 건 아니다. 소소하게 모여 앉을 수 있는 작은 테이블과 의자가 있고, 생각 없이 틀어놓고 바라보는 게 아니라 꼭 필요할 때만 켜서 보는 TV도 있고, 이런저런 책과 생활 소품을 정리할 수 있는 수납장으로 촘촘히 짜서 가족 모두에게 만족감을 준다. 무엇보다 통창, 낮은 창, 윈도우 시트 등 거실의 3면에 배치된 다양한 창을 통해 시시각각 변화하는 바깥 풍경을 온전히 누릴 수 있다는 것은 커다란 매력이 아닐 수 없다.

> 포천은 물을 품은 고장이라 아침이면 물안개가 베틀처럼 길게
> 누운 산자락까지 자욱합니다. 거실 통창을 통해 물안개가
> 피어오른 산 능선 위로 떠오르는 아침 해를 보면, 참 아름답다는
> 생각이 들죠.

> 거실은 늘 따뜻한 온기를 품은 곳이에요. 거실 팔걸이 의자에
> 기대앉아 차를 마시거나 윈도우 시트에 누워 TV를 보는 것도
> 참 평온한 일상이지요. 친정 어머님도 종종 저희 집에 내려오시면
> 거실에 머물다 가곤 하세요.

이영탁 선생님이 거실을 사랑하는 이유도, 우현주 선생님이
거실을 누리는 방식도, 소박하지만 알찬 게 소담재라는 이름에
썩 걸맞지 않은가. 아 그리고 무엇보다 이곳에서는, 조용히
학문을 연마하는 선비(?) 대신 피포페인팅(pipo painting)에
매진하는 이영탁 선생님을 만날 수 있다. 피포페인팅은
캔버스에 스케치 된 그림(주로 명화)을 유화 물감으로 색칠하는
작업이다. 코로나19로 집에서 보내는 시간이 많던 시기에 한창
유행하던 취미 생활인데, 무엇이든 일단 시작하면 끈기 있게
몰입하는 이영탁 선생님에게는 여전히 즐거운 활동이라고.

> 우현주 선생님이 책을 좋아하고 글쓰기 교육을 강조하는
> 역사 선생님이라면, 저는 그림 그리기나 도예 실습 등 감성 역량
> 교육을 중요하게 생각하는 윤리 선생님이었습니다. 학교에서도
> 교사와 학생들을 대상으로 그림 치료 등의 아트테라피 활동을
> 나누곤 했지요.

바쁜 일상 속에서도 퇴근 후 시간과 주말을 활용해 한점한점
완성한 이영탁 선생님의 피포페인팅 작품은 소담재의 거실과
식당, 집안 곳곳에 걸려 있다. 비싸서 유명한 건지 유명해서
비싼 건지 알 수 없는 고가의 미술품보다 한결 더 애정이 가고
정감이 느껴지는 벽면 장식재가 되었다.

그림을 사랑하고 그리기를 좋아하는 이영탁 선생님의 재능은
소담재 건축 과정에서도 빛을 발했다. 가족들과 함께 각자
원하는 집의 형태나 공간 구성을 이야기할 때, 또 그것을
건축가에게 전달할 때 이영탁 선생님의 그림은 서로의 공감대를

확인하고 의견 차를 좁히는 수단으로 유용하게 기능했던 것이다. 때로는 거친 스케치로, 때로는 섬세한 채색으로 소담재를 묘사한 이영탁 선생님의 그림을 몇 장 공개한다. 이 그림들을 그리며 상상 속의 집이 현실로 나타나는 모습을 꿈꿨을 시간들은, 아마도 선생님의 삶에 행복한 추억으로 남지 않았을까.

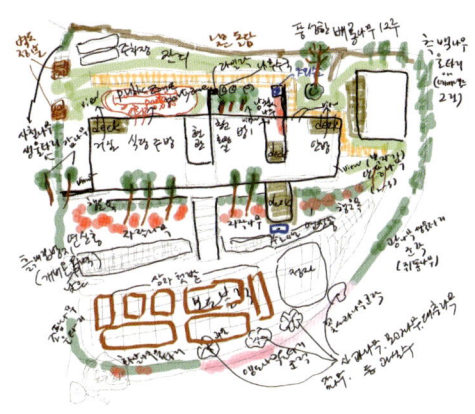

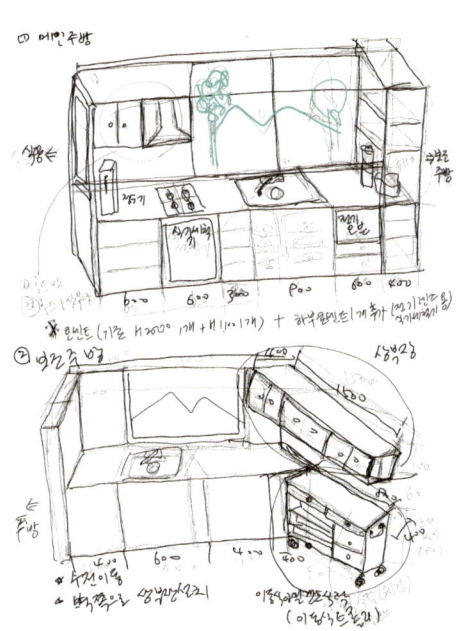

다락(+계단)

기대감으로 오르는 복합문화공간

인생을 살다 보면 종종 '전화위복(轉禍爲福)'을 경험하게 된다.
집을 짓는 일도 크게 다르지 않아서, 어떤 일은 처음 계획한
대로 잘 진행되어 만족스러울 때가 있는가 하면, 어떤 일은 전혀
생각한 바가 아니었는데 기대보다 좋은 결과를 낳기도 한다.
소담재의 다락과 계단은 후자에 가까웠다.

> 처음 설계에서 가장 많이 달라진 부분이 다락인 것 같아요.
> 원래 소담재는 단층 건물로 지으려고 했거든요. 그런데 곰곰이
> 생각해 보니 다락이야말로 단독주택의 혜택을 오롯이 누릴 수
> 있는 공간인데, 꼭 있어야겠다 싶더라고요.

이영탁 선생님은 소담재에 다락이 생기게 된 계기를 이렇게
설명한다. 그리고 다락이 필요했던 또 하나의 이유로
'문화공간'의 조성을 꼽았다. 온통 자연으로 둘러싸인 전원의
삶에서, 세상과 소통하는 문화공간은 매우 중요하다고 생각했기
때문이다. 물론 책과 영화를 사랑하는 막내아들이 편안하고
아늑하게 취미를 즐길 수 있도록 배려해 주고 싶은 마음도 컸다.

> 해찬이가 김제의 특성화고인 지평선고등학교로 진학할 때 쓴
> 자기소개서가 생각나네요. 스스로를 '여행 다니는 개미'라고
> 표현했더라고요. 엄마가 역사 선생님이라 우리 아이들은 어렸을
> 때부터 아빠 엄마랑 여행을 많이 다녔거든요. 특히 해찬이는
> 독서와 사색, 영화 감상을 즐기고 인문학적 감수성이
> 뛰어나면서도 호기심이 많은 아이였죠. 대학에서 철학을
> 전공하고 지금은 부산국제영화제 등 각종 영화제에서 스태프로

일하는데, 좋아하는 일을 하면서 자신이 이루고 싶은 목표에 천천히 다가가는 아들의 모습을 응원하는 마음으로 지켜보고 있습니다.

처음에는 그저 아들이 조용히 영화를 볼 수 있도록 다락의 한쪽 벽면에 스크린을 설치하고, 아담한 소파 정도만 놓을 생각이었다. 그런데 옥상으로 향하는 벽면과 식당 쪽 난간에 맞춤형 책장이 들어가니 꽤 그럴듯한 도서관 카페테리아 느낌이 났다. 여기에 옥상으로 향하는 출입문 옆으로 ㄱ자 형태의 낮은 창문까지 달리고 나니, 이제 다락은 온 가족이 함께 영화를 보기도 하고, 여가 시간에 각자 책을 읽거나 소파에 누워 사색과 낮잠을 즐기는 복합문화공간이 되었다.

소담재의 다락은 엄밀히 말하면 '계단참'이죠. '옥상 공간을 활용하기 위해 만들어진 계단 위 공간을 다락으로 활용한 것'이라고 보는 게, 가장 정확한 표현일 것 같습니다.

포천 소담재

소담재 공용 공간의 중심부인 식당과 주방 쪽으로 아치형
라운드 매스를 올려 일자형 주택의 시각적 흐름에 변화를 주고
내부적으로는 공간감을 살린 윤근주 건축가는, 높은 층고로
확보된 다락을 어떻게 아래층과 연결할 것인가가 고민이었다.

> 식당에서 다락까지의 높이가 있는데, 일반적인 경사의 계단을
> 만들면 계단 아래 공간을 활용할 수 없게 되죠. 다락 위 공간도
> 그만큼 줄어들 테고요. 그래서 경사가 조금 급한 계단을 만들되,
> 최대한 안전한 형태로 디자인해 보자고 했습니다.

그렇게 계단을 오르는 두 발의 폭에 맞게 단(段)을 반으로
나누어 지그재그로 배치한, 독특한 모양의 계단이 탄생했다.
급한 경사로 우려되는 안전사고는 벽면 속 핸드레일을
설치함으로써 보완했다. 어쩌면 건축가의 현실적 고민에서 나온
일종의 고육지책(苦肉之策)이, 오히려 소담재를 더욱 재미있는
공간으로 만드는 참신한 건축적 요소가 된 셈이다.

덕분에 다락과 계단은 소담재를 찾는 손님이라면 누구나 한
번쯤 호기심을 갖고 올라 보고 싶어 하는 장소가 되었다.

> 처음 부모님이 전원주택을 짓겠다고 하셨을 때, 층고가
> 좀 높은 집이면 좋겠다는 말씀만 드렸는데, 이렇게 멋진 다락이
> 생길 줄은 몰랐어요. 빔프로젝트로 영화를 보는 동안 편안하게
> 기댈 수 있는 소파, 분위기를 밝힐 수 있는 조명 등 다락의
> 모든 것들이 다 마음에 들지만, 개인적으로는 다락까지 올라가는
> 계단이 참 좋습니다. 물론 경사가 급해서 오르내릴 때마다
> 저도 모르게 핸드레일을 꼭 붙잡긴 하지만... 특이한 형태가
> 재미있게 느껴지고, 한발 한발 딛고 올라설 때마다 보이는 공간에
> 대한 기대감이 뭔가 설렘을 주거든요.

막내아들 해찬 씨는 지방에서 열리는 각종 영화제에 참여하느라
소담재에 머무는 시간이 점점 줄어드는 게 아쉽다고 한다.
또 영화제가 열리는 기간을 전후해 단기 임대로 집을 구해
이곳저곳 옮겨 가며 살다 보니, 외할머니와 부모님이 계시고
또 언제든 아늑하게 쉴 수 있는 소담재는 늘 그리움의 대상이
된다. 그래도 하고 싶은 일에 열정적으로 매진하고, 조금 지쳤다
싶을 때 언제든 와서 충전할 수 있는 소담재와 다락은 해찬
씨에게 영원한 힐링 스팟임에 틀림없다.

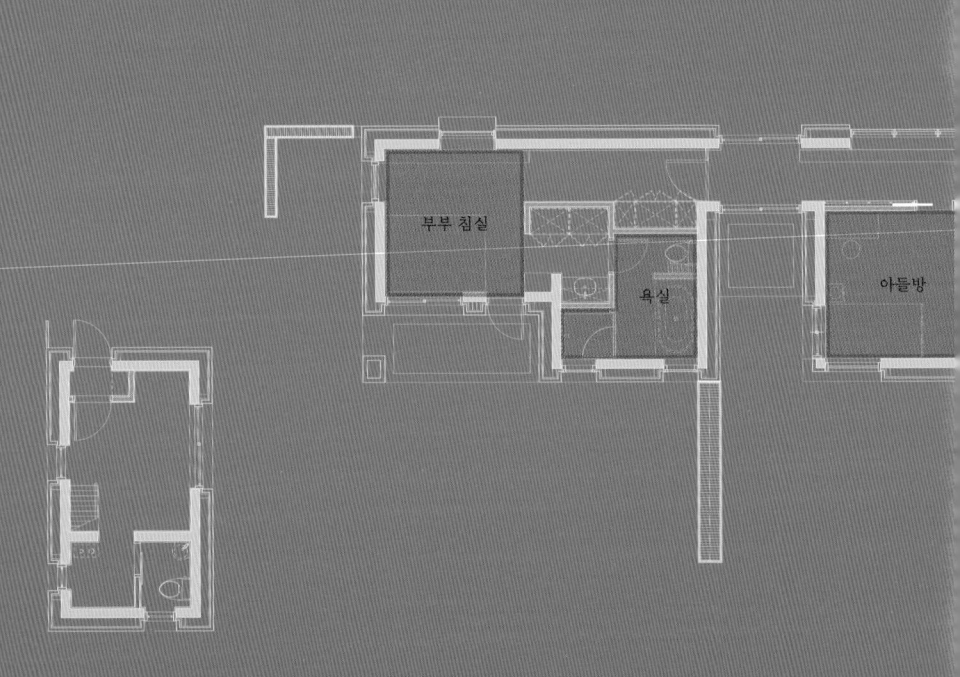

3장 개별 공간

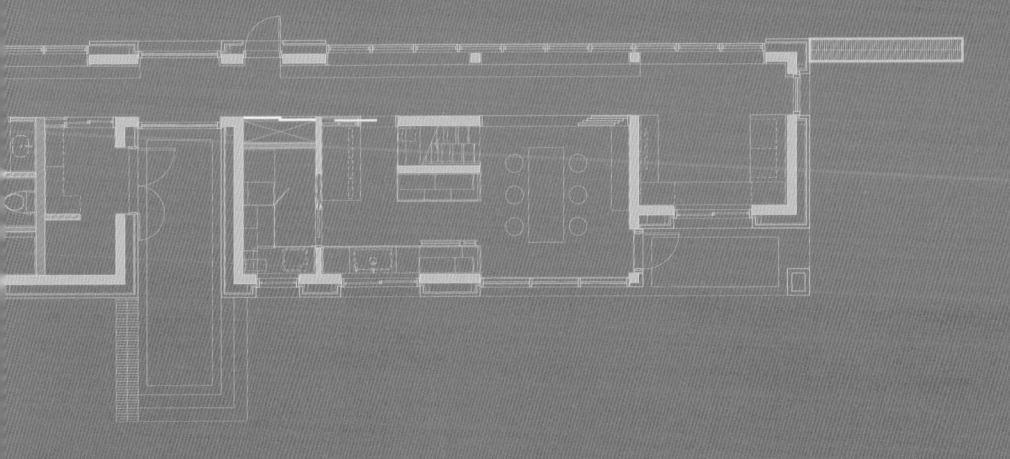

부부 침실

잠자는 곳, 그 이상의 공간

건축가들은 주택을 설계할 때 "주택은 삶을 담는 그릇"이라는 비유적 표현을 자주 사용한다. 여기서 '그릇'이란 건축주들이 살아왔던 삶의 방식을 말하는데, 소담재의 건축주인 두 분 선생님은 각각 삶의 방식이 참 다르다. 아내와 남편은 이성적인 사람과 감성적인 사람, 원칙적인 사람과 유연한 사람, '유능한 능력자의 지도력'과 '유연한 조력자의 친절'이라는 용어로 표현된다.

> 우리 부부는 로맨스 예술 영화 〈Words and Pictures〉 주인공들과 일면 비슷하다고 생각합니다. 시를 쓰는 문학 교사와 그림을 그리는 미술 교사의 지적인 갑론을박이 펼쳐지면서 결국 로맨스로 이어지는 내용이죠. 물론 우리 부부는 서로의 능력과 관심의 차이라고 보기 때문에 논쟁으로 이어지진 않습니다만…

이영탁 선생님이 꼽은 이 영화의 주인공처럼 독서와 글쓰기를 좋아하는 아내와 그림 치료와 도예, 텃밭에 관심이 많은 남편. 이런 차이는 소담재를 짓는 과정에서 조화를 이루며 시너지를 냈다. 우현주 선생님은 말과 글로, 이영탁 선생님은 그림으로 생각하는 바를 표현하며 윤근주 건축가와 훨씬 더 효과적으로 소통할 수 있었기 때문이다. 이렇게 서로가 달라 창조적인 조화를 이룰 수 있었음을 밝히는 부부는 어떻게 인연을 맺게 되었을까.

1989년 이영탁 선생님이 교사로 임용되어 전국교직원노동조합의 학생사업국에서 일하던 시기, 교사가 되기 위해 대학원에 진학한

우현주 선생님을 교육·청년 운동 관련 모임에서 처음 만나게 되었다. 이후 전교조의 상근 간사로 활동하던 우현주 선생님과 전교조 학생사업국에서 학생 대상으로 신문을 발간하는 일을 함께 하게 되었다. 야간 실업학교 교사, 연구 조교, 전교조 상근 강사 등을 소화하던 우현주 선생님은 바르고 건강한 교사인 이영탁 선생님에게 호감을 느꼈고, 자연스럽게 교제를 거쳐 결혼에 이르게 되었다.

길음동 산동네 전세방에서 시작한 부부는 큰아들이 여섯 살 되던 해에 의정부의 아파트로 이사했다. 엘리베이터를 타고 올라가면 두 집이 마주 보는 구조인데 보안, 난방과 전기 등 시설 관리, 우편물과 택배 관리, 분리 수거와 음식물쓰레기 처리 등이 편리하고 효율적인 곳이었다. 하지만 아침에 출근했다가 퇴근하면 다시 가사노동에 복귀하는 반복적 일상에서, 우현주 선생님은 오롯이 스스로에게 집중할 수 있는 공간의 부재가 늘 아쉬웠다. 그리고 시간은 빠르게 흘러 어느덧 시어머님이 돌아가시고, 두 아들도 일 때문에 집을 떠나 이제 집에는 부부만 남게 되었다.

> 침실은 부부가 함께 사용하는 공간이지만, 저에게는 일에 집중할 수 있는 개인적 공간이 되기도 합니다. 아파트에서 살 때는 이런 공간이 없어 때로 예민해지기도 했죠. 특별히 소담재의 침실은 제가 평일에 가장 많이 머무르는 공간이기도 합니다.

그렇다고 우현주 선생님이 침대에서 뒹굴뒹굴 게으름을 피우는 시간이 길다는 의미는 전혀 아니다. 침실에서 오랜 시간을 보내는 이유는, 첫째 부부 침실에서는 유난히 눈에 담을 수 있는 다양한 뷰가 있기 때문이다. 침대에 누우면 앞마당의 숲뷰를 볼 수 있고, 액자 창문으로는 집을 지으면 꼭 심고 싶었던 자작나무 이파리가 살랑살랑 흔들리는 풍경을 볼 수 있다. 그중 가장 마음에 드는 것은…

3장. 개별 공간

> 높은 천장고와 ㄱ자 모양의 천창은 정말 최애 뷰 포인트에요.
> 침대에 누우면 그야말로 하늘 아래 나만 있는 것마냥 파란 하늘과
> 구름만 보이거든요. 또 해가 떠 있는 시간 동안 침실을 밝게
> 비춰서 따뜻하고 포근한 느낌을 줌과 동시에 시간마다 다른
> 그림자를 만들어 냅니다.

두 번째로는 20년 넘게 사용한 앤틱 침대를 정리한 뒤
헤드가 없는 심플한 형태로 의뢰한 평상형 침대 때문이다.
가로 폭을 넓게 제작해 매트리스를 제외한 나머지 여유 공간은
마치 평상처럼 걸터앉을 수 있는 이 침대에서 우현주 선생님은
스케줄을 확인하고, 날씨나 뉴스 정보를 검색하기도 한다.
또 건조기에서 가져온 빨래를 개켜 수납장에 정리하기에도
이 자리는 최적의 동선이 된다.

> 집을 다 짓고 난 후에 주변의 부부들 이야기를 들어보니까,
> 요즘 중년 부부들은 각각 누울 수 있는 침대 2개를 사용하는
> 추세라는 걸 알았어요. 수면 패턴이나 원하는 수면 환경이 달라서
> 효율적인 방법이라는데, 미리 알았더라면 지금과는 완전히
> 다른 방이 됐을 수도 있죠.

세 번째로는 최근 작은 책상을 하나 들여 이곳에서 책을 읽기도
하고, 급한 업무를 보거나 글을 쓰기도 하는데 우현주 선생님은
'잠 자는 방 안에 내 책상 하나 가지는' 게 그닥 어려운 일도
아니었을텐데 이제야 그걸 이루고 흐뭇해하는 자신을
발견했다고 한다. 서랍이 달린 멀바우 원목 책상 하나가 있는 이
공간이 더욱 소중한 이유가 되었다.

> 글을 쓰거나 공부할 때는 식당이나 거실 같은 공용 공간보다
> 사적인 공간에서의 몰입도가 더 높은 거 같아요. 익숙해서 그런지
> 낮은 책상을 사용하는 것이 좀 더 편하기도 하고... 작은 책상을
> 놓은 뒤로는 침실에 있는 시간이 더 길어졌어요.

이렇게나 다양한 역할을 하는 부부 침실은 사실 그리 크지 않은
공간이다. 큰 평상형 침대를 놓았을 때 여유 공간도 많지 않다.
그래서 처음 건축 시공 단계에서 안방을 본 선생님 부부는 깜짝
놀라 윤근주 건축가에게 전화를 했단다. 방이 생각보다 너무
작다는 걱정이었다. 하지만 아시바(높은 곳에서 작업할 때 재료
운반 또는 위험물 낙하 방지 등을 위해 임시로 설치하는
지지대)를 뺀 다음에는 생각보다 방이 너무 크다며 걱정한
해프닝도 있었다.

> 요즘은 건축 설계할 때 컴퓨터 안에 집 한 채를 짓는다고
> 할 정도로 디테일하게 표현을 합니다. 그럼에도 불구하고 건축주
> 분들은 실물과 다르다고 느끼시는 것 같아요. 소담재의 경우,
> 실제 평수는 넓지 않으니까 골조를 다 친 상태에서 보면 좁다고
> 느끼실 수밖에 없죠. 그래서 층고가 높으면 개방감이 있기 때문에
> 다르다는 설명을 드렸더니, 저를 믿고 기다려주셨습니다.
> 완공 후에는 기우(杞憂)였다는 것을 아시고 만족해하셨고요.

부부가 흡족해하는 침실이 되기까지 윤근주 건축가는 설계
단계에서부터 몇 가지 배려를 더했다. 안방은 복도 끝에 있지만,
단절된 느낌 없이 연속성을 확보할 수 있도록 시선 밖에 침대를
두는 방식을 염두에 두었다. 특히 벽면에 완벽하게 밀착되는
방문을 시공해, 문을 닫으면 시선을 차단하지만 문을 열어 두면
침실까지 복도의 플로우(시각적 흐름)가 연장된다. 또 소담재
앞쪽으로 산이 있어 해가 드는 시간이 적다 보니, 남쪽 방향으로
매스를 좀 더 올리고 창을 더 만들어 해가 충분히 들어올 수
있도록 했다. 두 분 선생님께서 이런 곳에서 마무리하고
시작하는 하루가 조금은 다르기를 기대하면서…

욕실

있는 그대로의 나를 만나는 시간

욕실은 우리에게 어떤 의미일까. 하루의 시작과 끝이 침실이라면, 아마도 시작의 다음 그리고 끝의 직전은 대부분 욕실일 것이다. 욕실은 아침에 눈 비비고 일어나 잠들었던 몸을 깨우는 공간이자, 고단했던 일과를 마치고 수고한 내 몸을 구석구석 돌보는 공간 아닌가. 게다가 요즘 면적이 넓은 집에서는 종종 욕실과 화장실을 분리하기도 하지만, 여전히 대부분의 욕실이 화장실과 공존한다는 것을 감안할 때 어쩌면 욕실은 가장 자연 상태(?)인 '나 자신'과 마주하는 곳이기도 하다. 처음 집을 짓겠다는 결심을 하면서 이영탁·우현주 선생님도 욕실 공간에 대해 많은 이야기를 나누었다.

사실 아파트 욕실은 대부분 창문이 없는, 꽉 막힌 실내 공간이잖아요. 낮에도 불을 켜지 않으면 들어갈 수 없고, 늘 환기와 습기를 고민해야 하는... 그래서 집을 짓는다면 욕실에 햇볕도 들고 바람도 잘 통하도록 창문을 달면 어떨까, 또 세면대는 건식으로 외부에 두고 습식 욕실과 구분하면 좋겠다는 이야기들을 했죠. 그런데 남편은 저보다 더 원대한 계획(?)을 갖고 있더라고요.

(웃음) 저는 좀 넉넉한 욕실을 마련하고 싶었어요. 욕실이 그저 잠깐씩 들어와 필요한 볼일만 해결하고 나가는 곳이 아닌, 사색과 휴식을 넘어 치유의 공간이 되도록 만들고 싶었달까? 욕실에서 족욕, 반신욕 등을 하며 차 한잔 마시고, 시나 명화를 감상하며 음악도 들을 수 있는... 그렇게 여유를 갖고 오래 머물 수 있는 공간으로 만들었으면 했던 거죠.

소담재의 모든 공간 중 특별히 욕실에 애정이 각별한 이영탁
선생님은, 주택 설계 초반부터 욕실에 대한 관심과 계획이
많았다. 그중 하나는 외부를 향한 통창(혹은 개폐가 가능한
출입문)과 매립식 욕조. '생리적 기능 해소'라는 욕실의 기본적
기능 외에 '휴식이 가능한 문화공간'을 꿈꾸던 선생님에겐
어쩌면 필수적인 요소였다. 편안한 음악이 흐르는 욕실에서
넓은 욕조 속 따뜻한 물에 몸을 담그고, 긴 창을 통해 들어오는
햇볕과 풍경을 즐기는 것… 전원주택을 꿈꾸는 사람이라면
한 번쯤 상상해 보는 일상 아닐까.

> 소담재 전체 설계 도면에서 욕실에 할애할 수 있는 면적은 한계가
> 있는 상황이라, 욕실을 넓히려면 드레스룸을 줄여야 했어요.
> 그래서 처음에는 독립 공간으로 계획되었던 드레스룸이 붙박이장
> 형태로 축소되었고, 우현주 선생님이 파우더룸은 굳이 필요치
> 않다고 양보하셔서 욕실 공간을 어느 정도 확보할 수 있었죠.

욕실에 대한 이영탁 선생님의 바람을 잘 알았던 윤근주
건축가는 정해진 공간 안에서 선생님의 소망을 실현할 방법을
함께 고민했다. 공간 확보의 다음 난관은 세로 통창과 매립식
욕조 설치였다.

> 이영탁 선생님은 스킵 플로어(skip floor) 형식으로 두 계단 정도
> 낮게 들어가 몸을 담그는 매립식 욕조를 만들고 싶어 하셨어요.
> 거기에 마당 쪽으로 담을 하나 세우고 출입문을 만들면,
> 열어놓았을 때 약간 노천탕 같은 느낌도 나면서 좋았겠죠. 그런데
> 이걸 가능하게 하려면 바닥 구조를 꺾어야 하는 문제가 있었어요.
> 소담재는 토지의 지내력(地耐力)이 좀 약할 거라 판단해서 건물
> 전체를 매트 콘크리트 한 판에 기초를 치는 방식으로 시공했는데,
> 이 판을 일부 깨야 했던 거죠. 뭐 이게 불가능한 작업은 아니지만,
> 공사비가 예상보다 초과되던 상황이라… 결국 이영탁 선생님이
> 포기를 하셨죠.

그런데 사실 구조체를 일부 다운시키는 경우 언젠가는 구조물에
물이 스며들 우려가 있고, 사실 청소도 쉽지 않다. 또 욕조가
구조체에 닿아 있으면 물이 금방 식어버리는 단점도 있다.
이영탁, 우현주 선생님과 윤근주 건축가는 공사비 상승 외에도
이러한 유지 관리 문제 등을 고려해 매립식 욕조를 포기하는
대신, 건식 세면대를 외부로 빼고 욕실 안 변기와 욕조 사이에
낮은 담을 세워 공간을 나눈 뒤, 샤워 공간은 욕실 문을 열었을
때 보이지 않도록 후면에 배치했다. 또 넓은 욕실 벽면에는
옷걸이 거치대를 마련해 박쥐란, 스킨답서스, 보스턴고사리,
아이비 등 다양한 행거 식물을 키우는 것으로 통창의 아쉬움을
달랬다. 욕실 밖으로 온전히 누리고 싶었던 자연을 욕실 안으로
살짝 끌어들인 느낌이랄까. 어쨌거나 깔끔한 화이트 타일과
깊이감 있는 화이트 욕조, 여기에 초록초록한 식물들로
플랜테리어 된 욕실은, 소박하게나마 이영탁 선생님이 꿈꾸던
힐링 공간으로 완성되었다.

> 안방 욕실은 설계 시작 단계부터 우현주 선생님과 제 의견이
> 많이 달랐던 공간이고, 마지막까지 가장 수정도 많았기 때문에
> 아마 윤 소장님이 고생 좀 하셨을 거예요. 그래도 욕실이 비교적
> 처음 기획한 대로 만들어져서, 개인적으로 아주 만족스럽게
> 활용하고 있습니다.

지친 하루의 끝, 따뜻한 욕조에 앉아 창밖 풍경을 감상하며
피로를 푸는 이영탁 선생님의 소소하고도 확실한 행복 공간.
소담재의 욕실은 그렇게 완성되었다. 물론 반신욕 때문에
습도가 높아지니, 욕실과 가까운 붙박이장 관리가 어렵다는
우현주 선생님의 불만 어린 목소리를 감당해야 하는 난관(?)은,
아직 미해결 과제로 남은 듯하지만 말이다.

아들방

대상에 어울리는 공간, 공간에 어울리는 가구

요즘은 자식을 낳는 것 자체가 흔치 않은 선택이 되어버렸지만, 불과 사오십 년 전만 해도 "아들, 딸 구별 말고 둘만 낳아 잘 기르자"가 공익 광고로 등장했었다. 그리고 자식을 둘 이상 낳아서 키워본 부모라면 입버릇처럼 하는 이야기가 있다. "같은 부모 밑에서 태어난 애들인데, 어쩜 이렇게 다를까??" 이영탁 우현주 선생님도 큰아들 한솔 씨를 낳고, 두 살 터울로 태어난 해찬 씨를 키우며 참 많이 들었던 생각이다.

> 한솔이가 처음 만난 친구들과도 잘 어울려 놀고, 운동이나 바깥놀이를 좋아하는 전형적인 남자아이였다면, 해찬이는 집에서 조용히 앉아 책 읽는 것을 좋아하는 차분한 성격이었어요. 중학생 때는 혼자서 좋아하는 영화를 보겠다며 서울의 독립영화관을 찾아다녔을 만큼 문화예술적 감수성도 뛰어난 아이였지요.

어릴 적부터 '독립심'을 강조해서 키운 한솔 씨는 부모의 바람대로 이십대 중반부터 당당히 자립해 스스로의 삶을 꾸려가고 있다. 막내아들 해찬 씨도 좋아하던 영화 제작 분야의 일을 찾으며 조금씩 홀로서기를 준비하는 상태. 하지만 아직 얼마간의 시간은 남아있기에, 소담재를 지으면서 막내아들이 지낼 공간에 대한 고민은 필요했다.

> 읽고 쓰는 걸 좋아하고, 가수나 배우에 대한 관심도 많은 해찬이에게는 많은 책과 자료들을 수납할 수 있는 공간이 필요해 보였어요. 개인적으로는 ㄱ자로 디자인된 창문을 통해 들어오는 아침 햇살과 새 울음소리로 하루를 시작하고, 수시로 멋진

전나무숲과 정원을 내다볼 수 있으면 좋겠다 싶었고요.
그래서 해찬이 방에 들어갈 수납형 침대와 옷장을 직접 설계해
보았습니다.

무엇이든 뚝딱뚝딱 만드는 걸 좋아하는 이영탁 선생님은
막내아들의 라이프스타일에 맞게 특별한 윈도우시트형 침대를
설계했다. 아래로 70×50cm 사이즈의 서랍장 6개를 2단으로
배치하고, 뒷공간으로는 위에서 여닫는 수납공간을 3개 더 넣은,
실용적이지만 다소 높이(?)가 있는 침대다. 보통의 기성
가구보다 높게 제작된 이 침대 때문에, 해찬 씨 방은 다른 방보다
창문의 높이까지 올려야 했다. 주문 제작 의뢰 전, 아빠의 애정
어린 설계 도면을 본 해찬 씨는 신기하면서도 걱정이 앞섰다고.

설계도상으로는 평상이 너무 높아 보여서 혹시 침대에서
떨어지면 다치는 건 아닐까 걱정스러웠어요. 하지만 지금은 아주
잘 사용하고 있습니다. 방 크기에 딱 맞게 제작된 침대와 옷장도
좋은데, 저는 수납공간이 많은 게 가장 만족스럽네요. 옷뿐만
아니라 공책, 가방, 그리고 여러 잡화들을 보관할 수 있어서 방이
더 깔끔하게 정리되거든요.

해찬 씨 방에 들어서면 오른쪽 벽면으로 심플한 책상이 놓여
있고, 왼쪽 벽면으로 책장과 옷장이 나란히 있다. 그리고 방의
전면으로 6개의 서랍장 위에 놓인 침대가 맞춤 가구로 들어가
있다. 침대는 옷장과 마주 보며 이어지는데, 두 가구 사이에
평상 같은 공간이 있어 편히 걸터앉기에도 좋다. 나름대로는
공을 많이 들인 이 공간에서 한동안은 해찬 씨가 때로는 자신의
일에 몰두하거나 편히 쉼을 누릴 것이고, 언젠가 이 방을 떠나면
소담재를 찾아오는 친척과 지인들에게 휴식 공간으로 내어질
것이다. 그밖에 이영탁 선생님은 다른 용도도 고려하고 있다.

저는 얼마 전 정년퇴직을 했지만, 우현주 선생님은 아직 교사로 재직할 시간이 남았으니 때로는 혼자서 조용히 시간을 보내거나 취미생활을 할 공간도 필요하겠죠. 그때 이 방이 유용하지 않을까 생각합니다. 장모님이 더 연로해지시면 이 집, 이 방의 가구 배치를 새롭게 변경하고 여기에서 지내게 되실 수도 있겠고요.

이영탁 선생님은 집이 곧 가족의 삶 자체라고 믿는다. 집이란 단순한 물리적 공간에 그치는 게 아니라 그곳에서 살아가는 사람들의 흔적이 기록되고, 추억이 만들어지고, 배려와 돌봄으로 구성원이 성장해 가는 곳이라고 생각하기 때문이다. 그래서 시작은 '막내아들의 방'으로 출발했지만, 앞으로 보다 많은 가족들의 삶에 의해 재구성될 이 공간의 변화는 여전히 현재진행형이다.

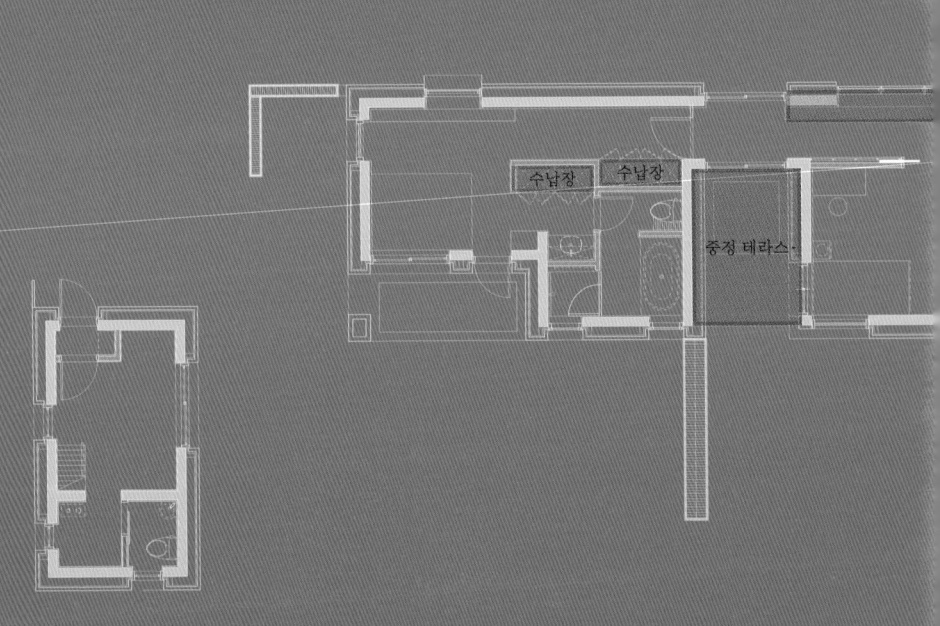

4장　　　　　　　　　　숨은 공간

중정 테라스

삶을 추억하는 공간, 가족을 기억하는 시간

소담재는 현관 입구를 기준으로 오른쪽이 거실, 식당, 주방, 다락 등의 공용 공간, 왼쪽이 부부 침실, 아들방, 욕실, 붙박이장 등의 개별 공간이다. 여기서 왼쪽의 개별 공간은 다시 한번 부부 침실 및 욕실, 그리고 아들방과 공용 욕실이라는 두 개의 유닛으로 나뉘는데, 바로 이 사이에 테라스가 있다. 산과 면한 소담재의 안마당으로 나갈 때, 복도에서 이 테라스를 통과하면 가운데 마당으로 연결되는 것이다.

> 일자로 긴 형태의 소담재는 현관 입구에서 통유리로 한 번 매스가 잘리는데, 이를 통해 개별 공간과 공용 공간을 구별합니다. 그런데 부부 침실 쪽과 아들방 쪽도 한 번 더 매스를 잘라 외부 공간이 보이도록 하는 게 전체 리듬상으로 좋겠다는 생각이 들었어요.

윤근주 건축가는 긴 집의 복도가 각 방의 기능을 확장시키는 공간이 되듯, 각 방과 이어진 마당도 구성원들의 이용 목적에 맞게 활용되기를 바랐다. 그래서 각 유닛별로 세 개의 낮은 담을 세워 마당을 용도별로 나누고, 마당 쪽으로 출입할 수 있는 문을 여러 개 두었다. 특별히 중정으로 나가는 테라스는 콘크리트 천장을 사각형으로 오픈해 개방감을 더하고, 바닥은 단차를 두어 데크를 설치함으로써 포인트를 주었다.

> 날씨가 맑을 때 중정 테라스에 나와 하늘을 쳐다보고 바람을 쐬는 게, 퍽 운치 있었어요. 그런데 살다 보니 비가 오거나 눈이 내리는 날들도 많아서 여기에 천창을 만들고 문을 달면 더 공간 활용도가 높겠다는 생각이 들더라고요.

우현주 선생님은 이영탁 선생님과 상의한 끝에 추가로 비용을
들여 천장에 유리창을 넣고 접이식 폴딩도어를 설치하는
개보수 작업을 했다. 바람막이 공사까지 마치고 나니 실내인 듯
실내 아닌 테라스 공간이 확보되었고, 넓어진 벽면에는
이영탁 선생님이 아끼는 그림도 걸고 파이프로 제작한 선반에
몇 권의 책과 작은 화분들을 올려놓았다. 또 이전 아파트
거실에서 유용하게 썼지만 새 집에는 둘 공간이 마땅치 않았던
블랙 호두나무 우드슬랩 테이블까지 옮겨 놓으니 멋진 야외
까페가 완성됐다.

> 남편과 여기서 간단하게 식사를 하거나 티타임을 갖기도 하고,
> 가끔은 혼자 사색이나 독서를 해요. 추운 겨울에는 나와 있기
> 어렵지만, 대신 밖에 내놓을 수 없는 화분들을 보관해
> 관리하기에도 좋은 공간이고요.

소담재 건축 후 삶의 양태에 맞게 이곳저곳 조금씩 다듬어 나간
공간들이 있는데, 그중 중정 테라스가 볼수록 마음에 든다는
우현주 선생님. 평소 이영탁 선생님과 이곳에서 많은 이야기를
나누지만, 나이가 드니 살아온 시간과 추억, 이제는 함께 할 수
없는 인연에 대한 아쉬움 같은 것들이 늘 화제에 오르곤 한다.

> 아버지 생각이 많이 나요. 우리가 이렇게 멋진 집을 지을 수
> 있도록 좋은 땅을 주셨고, 전원주택 짓는 일을 망설일 때 도전할
> 수 있도록 용기와 격려를 아끼지 않으셨어요. 소담재를 짓는
> 동안에도 의정부에서 출퇴근하며 바쁘게 살아가는 딸 내외를
> 대신해 공사 현장을 자주 들여다봐주셨지요. 암 투병을 하시다
> 갑작스럽게 우리 곁을 떠나셨는데, 비록 지금은 아버지가 안
> 계시지만 언제나 이곳에 온화한 공기로 남아 엄마와 우리 가족의
> 편안한 일상을 지켜보고 계실 거라 생각해요.

4장. 숨은 공간

지금은 비무장지대가 된 경기도 연천에서 태어난 우현주
선생님의 아버지는 6·25전쟁 때 부모를 잃은 전쟁고아셨다.
초등학교도 졸업할 수 없었던 어린 시절부터 가난과 마주하며
살아오는 동안, 아버지는 검소하고 부지런한 성품으로 늘 주위
사람들로부터 신뢰를 받으셨다. 그런데 우현주 선생님에게는
이른 사춘기가 찾아왔던 초등학교 고학년 즈음, 더운 여름에
러닝셔츠만 입고 땀을 뻘뻘 흘리며 학교로 배달을 오셨던
아버지를 모른 척한 기억이 있다. 어린 마음에 한 행동이지만
두고두고 마음에 부끄러움과 죄송함으로 남은 일이다. 그리고
시간이 지나 대학생이 되었을 때는, 군부 독재에 맞서 자유와
민주주의를 위해 살아야 한다고 믿었던 딸과 냉전시대 반공
논리로 만들어진 획일적인 통제 정치를 부정하는 것은 '적'이라고
세뇌받은 아버지 사이에 서로를 용납할 수 없는 심리적 장벽도
있었다. 한동안 정치적 성향이 달랐던 부녀는 조금 더 세월이 흐른
뒤, 서로를 이해하고 인정하게 되었다. 그 사이 연로해지신
아버지는 식도암 판정 후 급격히 쇠약해지셔서 2023년 봄, 먼 길을
떠나셨다. 소담재가 완공되고 아버지 어머니와 마주 보고 살게 된
지 1년 남짓한 시기였다.

> 생각해 보면 지금, 홀로 되신 장모님과 저희 부부가 자연 속에서
> 함께 평온한 일상을 보낼 수 있도록 해주신 분이 장인어른이죠.
> 돌아가시기 몇 해 전부터 건강이 안 좋아져 지치셨을 법도 한데,
> 어머님과 농사를 지으며 평화롭게 스스로를 관리하셨어요.
> 참 고마우면서도 존경스러운 분입니다.

이영탁 선생님도 소담재를 지으며 가장 고마움을 느낀 대상으로
돌아가신 장인어른을 꼽는다. 그리고 이영탁 선생님에게는
잊지 못할 또 한 분, 어머님이 계시다. 전북 남원에서 태어난
이영탁 선생님은 5살의 어린 나이에 아버지를 여의었는데, 위로
누나가 셋, 아래로 남동생이 하나였다. 어머니는 고된 농사일로
5남매를 키우셨고, 세 명의 누나는 어린 동생들의 학업을

©일구구공 도시건축

©남궁선

뒷바라지하느라 일찌감치 생업 전선에 뛰어들었다. 어린 나이에
집안의 장남으로 대들보 역할을 감당해야 했던 이영탁
선생님에게는 열심히 공부하는 것만이 어머니와 누나들의
노고에 보답하는 길이었을 것이다. 시간이 흘러 이영탁
선생님이 중등 교사에 임용되고, 우현주 선생님과 만나 결혼한
뒤 이십 년 넘게 모시고 살았던 어머님은 몇 년 전부터
경증치매를 앓다가 재작년 돌아가셨다. 요즘 세상에는 자기
자신이 너무나 소중한 나머지, 자식을 위해 희생하는 삶에
회의적인 시각이 많고 그런 삶을 선택하려는 이들도 적지만,
불과 한 세대 전만 해도 자식을 위해 평생을 헌신하는
부모님들의 모습은 주변에서 흔히 볼 수 있었다. 이영탁
선생님의 어머님, 우현주 선생님의 아버님처럼 말이다.

> 돌아가신 분들에 대한 기억이 자꾸 희미해지는 것 같아서
> 생전의 부모님들 모습이 담긴 사진, 부모님들과 함께 찍은 사진을
> 모아 책으로 엮었어요. 이렇게 만들어 놓으면 자주 들여다보게
> 될 것 같아서요. 아내와 함께 테라스에 앉아 사진집을 보며,
> 그때 이랬었지 저랬었지 이야기를 나누면 시간 가는 줄
> 모르겠더라고요.

이영탁 선생님은 돌아가신 장인어른과 어머님을 추모하는
사진집을 각각 1권씩 만들었다. 그 속에는 다양한 시간대에서
미소 짓는 부모님과 두 선생님, 아이들과 일가친척의 모습이
담겨 있다. 그리고 두 권의 책은 소담재의 복도 서가 진열대에
나란히 놓여 있다. 언제든 문득, 이제는 곁에 계시지 않은
부모님이 생각날 때면 이영탁 선생님과 우현주 선생님은
저 사진집을 펼쳐 과거로 시간여행을 떠날 것이다. 가족이란
그렇게 일상을 공유하고 추억을 향유함으로써 더욱 의미 있는
존재들이니까.

수납장

보이지 않는 것이 수납의 정석

소담재에서 가장 이목을 끄는 공간은 긴 복도, 그리고 복도를 따라 늘어선 마치 거대한 액자같은 창이다. 하지만 창문을 마주하는 벽면에는, 아니 벽인 척(?) 가장한 면에는 통창 못지않게 보석 같은 공간이 숨겨져 있다. 바로 자질구레한 물건을 보이지 않게 쏙~ 넣을 수 있는 수납장이다. 요즘 집을 짓거나 인테리어를 바꿀 때 주부들의 가장 큰 관심사는 수납 공간이다. 수납 미학, 수납 인테리어라는 용어가 등장할 정도로 집을 깨끗하게 유지하기 위해서는 수납이 중요하기 때문이다.

우현주 선생님 역시 '수납장 안 수납'을 원칙으로 정리 정돈에 무척이나 진심이다. 복도 벽에 숨겨진 수납장은 수납할 물품의 크기와 용도를 미리 계획했기 때문에 구획을 나누어 다양한 물품들을 수납할 수 있다. 충전식 무선 청소기와 야채 건조기, 다림판과 다리미 등 소형 가전까지 정돈되어 있고, 추가로 제기와 병풍, 건조식품이나 과자류, 주류, 종이백 등도 수납한다. 수납 공간은 여기서 끝이 아니다. 냉장고 위 공간을 활용한 수납장에는 큰 여행 가방과 화장지를, 침대 아래 수납장에는 자주 쓰지 않는 침구류 등을 넣어두었다. 또 거실 윈도우 시트 안에는 이영탁 선생님이 사용하는 그림 도구, 전자기기, 무릎 담요 등이 보관되어 있다.

> 보이지 않게 수납하는 것이 가장 깔끔해 보여서 되도록 수납장 안에 넣으려고 노력 중이에요. 반대로 잘 보이게 수납하는 곳은 오픈 책장이 유일하죠. 여기에는 제가 좋아하는 책, 최근에 읽는 책, 디자인이 예쁜 책, 가족 사진첩, 시어머니와 친정아버지의

추모 앨범, 우리 집 건축 과정을 담아 남편이 직접 만든 사진집 등을 비치했습니다.

소담재의 다양한 수납 공간 중 메인은 예쁜 드레스룸을 포기하고 선택한 안방 벽의 수납장이다. 물론 상상했던 드레스룸을 포기하기까지의 과정이 순탄치만은 않았다. 윤근주 건축가도 처음에는 침실로부터 완벽하게 독립된 드레스룸을 제안했지만, 대신 욕실의 규모를 많이 줄여야 하는 문제가 발생했다. 결국 선택과 집중의 과정을 거쳐 의견을 좁혀 갔고, 가장 많이 변덕을 부린 공간으로 꼽는 드레스룸은 앞뒤로 오픈하는 일자형 붙박이 수납장으로 결정됐다. 수납장은 화이트 컬러의 벽처럼 제작되어 시야에 전혀 거슬리지 않으니 침실의 개방감에도 방해되지 않는다. 마치 수납 공간이 없는 것처럼 보이지만, 수납장 안에는 가족들의 사계절 옷과 종이 자료 등 꽤 많은 양의 물품이 수납되어 있다.

소담재의 수납 공간 배치가 마무리되기까지 또 다른 난관은 아파트에서 사용하던 앤틱 서랍장이었다. 우현주 선생님은 이 서랍장을 꼭 가져오고 싶어 했는데, 드레스룸 대신 수납장이 결정되면서 둘 데가 마땅치 않아 결국 부모님 집으로 옮겨졌다. 그리고 친정어머니는 우현주 선생님의 손때 묻은 서랍장을 요긴하게 사용하고 계신다.

개인적으로 기존에 잘 사용하던 가구나 가전제품이 이사하는 집의 형태나 크기에 맞지 않아 버리고 정리하는 과정이 힘들었어요. 처음에는 어디에라도 두고 싶어서 공간을 이리저리 따져보지만, 결국 벽이나 공간의 사이즈를 비교하다 보면 적당하지 않다는 것을 깨닫게 되더라고요. 그렇게 아끼던 가구나 가전을 보내면서 서운했던 마음이 떠오르네요.

많은 사례를 통해 건축주의 이런 마음까지 헤아렸던 윤근주 건축가는 일단 사용하던 가구의 사이즈를 전부 측정해서 받았다. 그리고 각각의 가구를 소담재에 넣었을 때 발생하는 문제를 시각적으로 보여주었다. 대체로 집이 좁아 보이는 문제가 발생했고, 그때 선생님들은 소담재의 구조와 크기에 맞는 가구와 가전으로 교체할 것을 결정했다. 특히 이영탁 선생님은 차라리 집에 맞는 수납형 가구들을 직접 주문·제작하는 쪽으로 생각을 바꾸기도 했다.

구석구석 숨겨진 수납장으로 공간의 낭비를 최소화한 소담재. 두 분 선생님은 이 곳이 세월에 비례해 물건들이 쟁여지지 않도록 두 가지만은 꼭 실천하고 있다. 지혜롭고 신중하게 소비하기! 잘 넣기 위해 잘 버리기!

4장. 숨은 공간

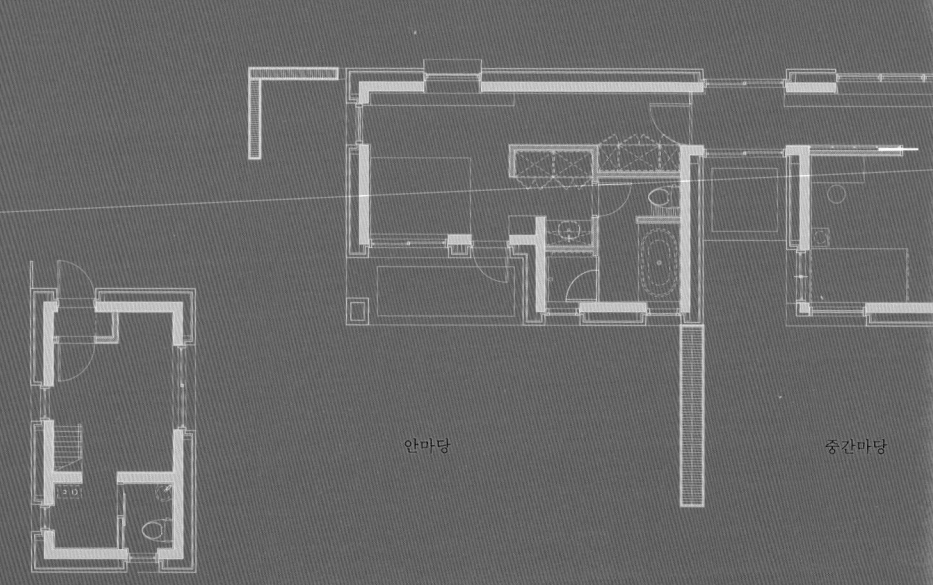

안마당   중간마당

5장 외부 공간

텃밭/정원

장독대

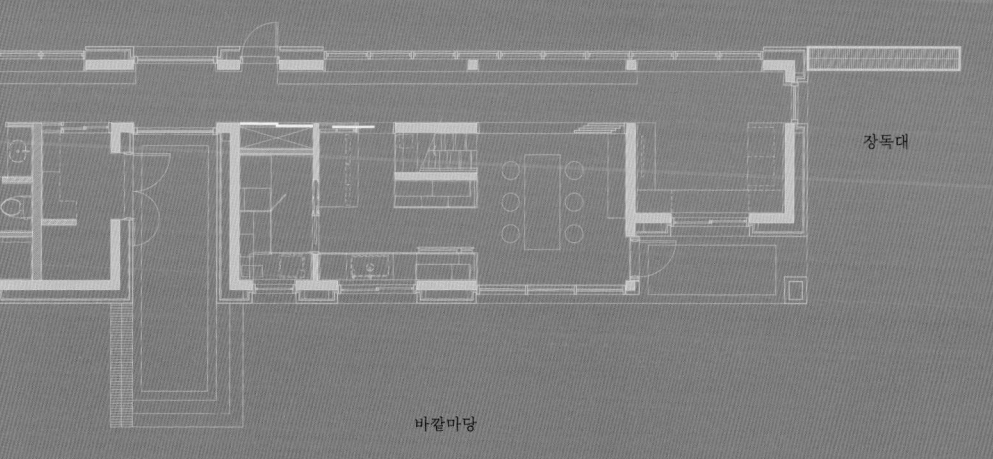

바깥마당

옥상 / 마당

전원주택에서 오롯이 누리는 자연

소담재에 살게 되어서 좋은 점이요? 음... 집 밖의 공간을 활용할 수 있다는 것 아닐까요? 손님들이 왔을 때 밖에서 바비큐 파티를 하거나, 부모님과 함께 늦은 밤 모닥불을 쬐며 여유롭게 담소를 나누는 순간들이요. 사실 아파트에서는 불가능한 일들이잖아요? 아 그리고 밤하늘에 뜬 별을 많이 볼 수 있다는 점도 좋은 것 같습니다.

막내아들 해찬 씨에게 소담재 생활의 이점을 물었더니, 전원주택에 대한 예찬이 쏟아진다. 해찬 씨의 표현이나 윤근주 건축가의 설명처럼, 소담재는 복잡한 도심에서 엘리베이터를 통해 위로 향하는 아파트와 달리, 나가야 되는 공간과 풍경, 즐길 수 있는 외피(外皮)가 많다. 그래서 입주민이 자의 반, 타의 반으로 부지런해야 한다는 조건이 따라붙긴 하지만, 자연을 누리고 산다는 기쁨에 비하면 충분히 감내할 만한 귀찮음 아닐까.

소담재 설계를 지켜보면서 가장 많이 자료를 찾아본 공간은 '옥상'이었습니다. 건축주에게 옥상은 무궁한 잠재력을 펼칠 수 있는 공간이거든요. 어떻게 하면 넓고 긴 옥상에서 파란 하늘과 푸르른 자연을 만끽할 수 있을까, 아담한 옥상정원을 만들까 아니면 루프탑 까페처럼 꾸며 볼까 고민이 많았습니다. 물론 용도와 함께 기능적으로는 방수와 단열 문제를 최우선적으로 고려해야 했고요.

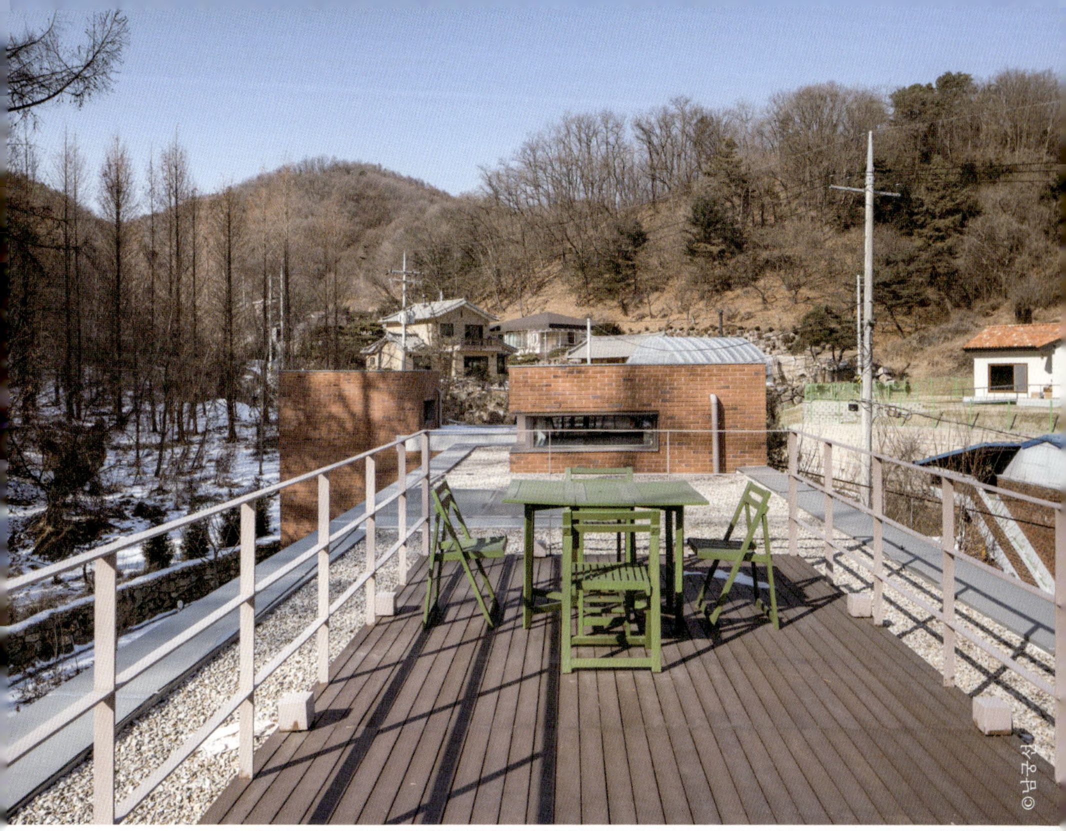
© 남궁선

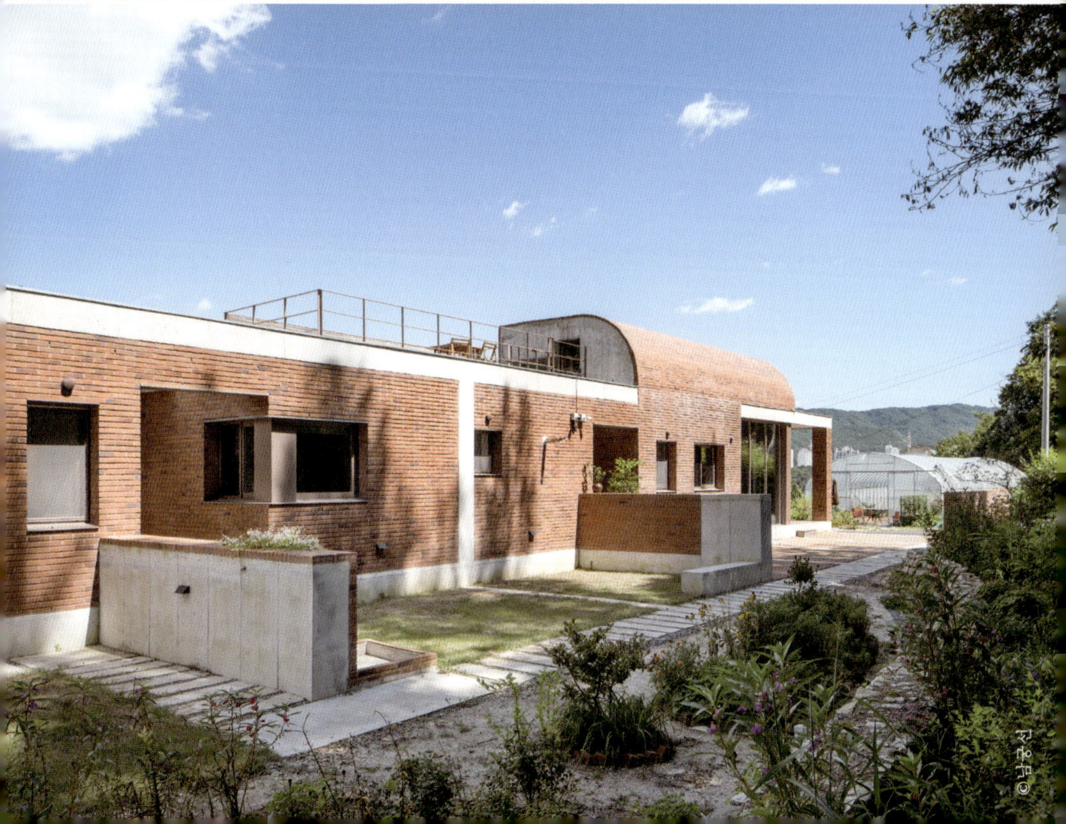
© 남궁선

삼각형 모양의 박공지붕과 달리, 옥상 공간을 활용할 수 있는 평지붕은 필연적으로 물을 담는 구조라 방수와 단열 문제가 중요하다. 평지붕 형태로 설계된 주택은 대부분 내단열 공법의 우레탄 방수 시공을 하는데, 우레탄은 탄성이 우수하지만 장시간 햇빛에 노출될 경우 잦은 하자와 보수가 발생하는 단점이 있다. 아파트나 학교 건물에서 옥상과 인접한 천장의 결로, 누수 문제를 많이 보아왔던 이영탁 선생님은 고민 끝에 가장 밑에 방수층을 두고 그 위에 외단열을 하는 역전 지붕 방식을 제안했다.

> 역전 지붕은 일반적으로 슬래브 밑에 넣는 단열재를 위에 놓는 형태죠. 흔히 쓰는 방식은 아니라 따로 기술적 검토를 받고 작업했는데, 단열재의 위, 아래로 두 번의 물 흐름이 생기기 때문에 물을 두 번 채집할 수 있는 홈통이 들어가 있습니다.

방수와 단열 작업이 끝난 옥상은 스티로폼 위에 스틸 프레임을 짜서 단단한 바닥을 만들고 자갈을 깔았다. 또 다락에서 나오자마자 펼쳐지는 공간에는 나무 데크와 안전 바를 설치해 날 좋을 때 이곳에 올라와 풍경을 즐길 수 있도록 했다. 햇볕이 부담스러운 계절에는 가릴 수 있는 파라솔과 탁자, 의자를 이용하고, 유난히 밤하늘이 맑을 때는 자그마한 텐트를 치고 야영장 분위기를 내는 것이다.

> 아직 저희 부부는 도전해 보지 못했는데, 작년 여름에 굴업도로 1박 2일 백패킹을 가려던 동료 교사들이 태풍 때문에 소담재로 온 적이 있어요. 정원에서 함께 바비큐 파티를 하고, 옥상에 텐트를 친 뒤 하룻밤 묵고 갔는데, 백패킹 마니아들 말로는 쏟아지는 빗소리를 배경음악 삼아 잠들었던 그날의 추억을 잊을 수가 없다더라고요.

정원의 바비큐 파티 이야기를 하니 빠질 수 없는 공간이 있다.
소담재 안쪽으로 산과 인접한 세 개의 서로 다른 마당이다.
긴 삼각형 모양의 땅에 일자형으로 지어진 소담재는 바깥쪽으로
너른 텃밭이 있고, 안쪽으로는 부부 침실, 아들방, 식당 등
각 공간과 문으로 연결된 마당이 있다. 윤근주 건축가는 복도가
소담재 내부에서 각 공간의 확장 영역으로 활용되듯, 마당은
외부에서 각 공간의 확장 영역이 되리라 기대했다고 이야기한다.
이러한 건축가의 바람대로, 부부 침실에서 이어진 안마당은
푸른 잔디와 조경을 즐길 수 있는 프라이빗한 공간이 되었다.
별채와 공유하는 안마당에서 큰아들 한솔 씨는 종종 해먹에 누워
낮잠을 자고, 이영탁·우현주 선생님은 숲멍(?)에 빠지기도 한다.
출입구와 인접해 외부인들의 발길이 잦은 바깥마당은 단체
손님이 방문했을 때 야외 식탁을 설치하거나 수확한 농산물을
정리하고 다듬는 공간, 주차장 등 다양한 용도로 쓰면서
깔끔하게 관리할 수 있도록 블록을 깔아두었다. 공간의 성격이
분명했던 안마당, 바깥마당과 달리 쓰임이 애매했던 중간마당은
약간의 변화 과정을 겪었다.

처음에는 중간마당에도 잔디를 심었어요. 그런데 잔디가
주기적으로 물을 주고 깎아주면서 잡초도 제거하는 등 세심한
관리가 필요하다는 걸 그땐 잘 몰랐죠. 첫해에 심은 잔디가
거의 말라 죽으면서 잔디 관리법을 익혔는데, 우현주 선생님이
중간마당에는 잔디를 심지 말자고 제안했어요. 그때 쉽고 빠르게
시공할 수 있는 강자갈을 깔면서, 여기에 화덕을 만들어 놓으면
좋겠다는 생각이 들었죠.

안 그래도 경치 좋은 시골 마을에 전원주택을 짓고 산다는
소문에, 찾아오는 손님들을 대접해야 할 일이 늘어가던
상황에서 바비큐를 할 수 있는 야외 화덕은 '신의 한 수'가
되었다. 꼭 손님 접대가 아니더라도 바람 선선한 봄, 가을
저녁이면 식구끼리 둘러앉아 가볍게 와인 한 잔 나누거나
불멍하기에도 너무 좋은, 중간마당은 이제 가족 모두가 가장
애정하는 장소가 되었다.

어릴 때부터 우리 집은 늘 대화가 끊이질 않았어요. 다들 나이가
들면 부모님이나 형제끼리 대화도 줄고 관계가 어색해진다는데,
저희는 여전히 모이기만 하면 밀린 이야기를 나누느라 시간 가는
줄 몰라요. 앞으로 저나 해찬이가 집을 떠나 있는 시간이 점점
늘겠지만, 가족이 모여 함께 시간을 보낼 공간이 많은 소담재가
있기에, 우리 가족만의 고유한 문화는 계속 이어지리라 믿습니다.

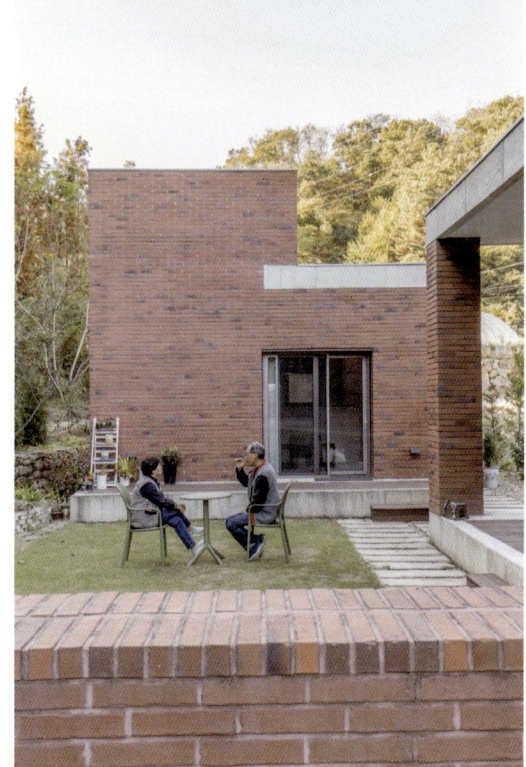

텃밭 / 정원 / 장독대

인생 3막을 시작하는 이의 텃밭 예찬

주방 앞 꽃밭에 수선화가 노란 꽃을 피우면 울타리에 심어둔 개나리 가지를 잘라 식당 안 화병에 꽂아둔다. 얼마가 지나면 개나리 꽃망울은 곧 집안을 노란색으로 물들인다. 우현주 선생님은 소담재의 가장 아름다운 시간으로 정원과 텃밭 주변에 봄꽃이 피었던 때를 떠올린다.

> 지금까지는 자유로운 분위기의 우리 집 정원이 매력적이었지만, 아마 남편이 은퇴한 올해부터는 훨씬 더 정돈된 정원이 될 거예요. 남편은 이 집에서 펼쳐질 더 많은 씬(scene)들을 그리고 있는데, 남편의 상상이 현실이 될 무대는 아마도 정원과 텃밭일지도 몰라요.

소담재는 건물을 중심으로 남쪽은 정원, 북쪽은 텃밭이다. 위치는 데칼코마니인데, 매력이 사뭇 다른 두 공간의 주인공은 이영탁 선생님이다. 날이 어두워진 시간에도 손전등을 밝히고 텃밭과 정원에서 시간을 보내는 일이 다반사이다 보니, 이미 마을에서는 꼬물꼬물 움직이는 부지런한 사람으로 정평이 났다.

이영탁 선생님이 정원과 텃밭 일에 이토록 진심인 이유는 선생님의 몇 안 되는 희망사항 때문이다. 계절 따라 피고 지는 잎과 꽃, 나무와 화초, 채소와 뿌리, 과실수로 가득한 텃밭을 정성스레 가꿔 오가는 사람들의 심신을 즐겁게 해주고 싶은 소망. 이것은 '음식이 모자라지도 넘치지도 않고 깔끔하여 먹음직하고 보기 좋은 데가 있다'는 '소담스럽다'의 의미를 가진 '소담재' 이름에도 여실히 드러난다.

저는 텃밭에서 기른 채소로 먹거리를 준비하고, 우리와의
작은 인연으로 찾아오는 사람들에게 자연주의 식사를 대접할 때
가장 행복을 느끼는 사람입니다.

남편은 아침 저녁으로 들인 노동으로 얻은 먹거리를 다른
사람들에게 챙겨주는 것을 자랑스러워하는 것 같아요. 저 역시
그 식재료로 밑반찬을 만들어 먹는 것이 좋고요. 손님들을 위해
텃밭에서 수확한 것으로 샐러드를 만들고, 호박이나 무를 말려서
만든 반찬도 인기가 좋죠.

이렇게 소담재에서는 따로 또 같이 해야 하는 일들이 주로
정원과 텃밭, 장독대에서 발생한다. 야생에서 자라는
각종 먹거리는 물론 직접 채소를 기르고 수확하고 꽃과 나무를
심어 가꾸는 것은 남편이 가장 즐거워하는 노동이다. 수확물로
삼시 세끼 맛있는 식탁을 차리고 나누는 것은 남편과 아내가
함께 하는 일들이다. 또 건조기로 고추를 말리고 각종 장을 담궈
독에 담고 관리하는 것은 딸과 어머니가 함께 한다. 이렇게
함께하는 노동은 장맛만이 아니라 관계가 깊어지게 만든다.
이영탁 선생님이 포천농업기술센터에서 여러 가지 교육
프로그램에 참여하려는 이유도 여기에 있다. 농사짓는 법을
배우기도 하지만, 농사짓는 사람들과 교류하고 싶기 때문이다.

30살까지였던 인생 1막은 교사로서의 진로를 찾아가는 길을
배운 시기였고, 도덕 윤리 교사로 살아온 60살까지는 인생
2막이었어요. 이제 은퇴 후 펼쳐지는 인생 3막은 그 어느 때보다
아름답게 보내고 싶습니다. 텃밭에서 소소한 먹거리를 해결하고,
주변 자연과 어우러지는 그림 같은 정원이 있는 낙원에서 주변
사람들과 더욱 관계가 깊어지는 행복을 꿈꿉니다.

마하마트 간디는 '땅을 파는 것, 흙을 가꾸는 것을 잊는다면, 우리 자신을 잊을 것이다'라고 했고, 프랜시스 베이컨은 '정원은 인간에게 가장 큰 청량제여서 정원이 없다면 궁전과 건물은 조잡한 작품에 불과할 뿐이다'라고 했다며 텃밭과 정원 가꾸기의 중요성을 강조하는 이영탁 선생님은 집을 지으려는 이들에게 꼭 이렇게 권한다.

> 삼시 세끼 먹거리 생산부터 화초 가꾸기까지 자연의 섭리와 소통하는 것이 시골살이에서 누릴 수 있는 행복입니다. 주거 공간을 줄여서라도 텃밭과 정원은 꼭~ 만드세요!

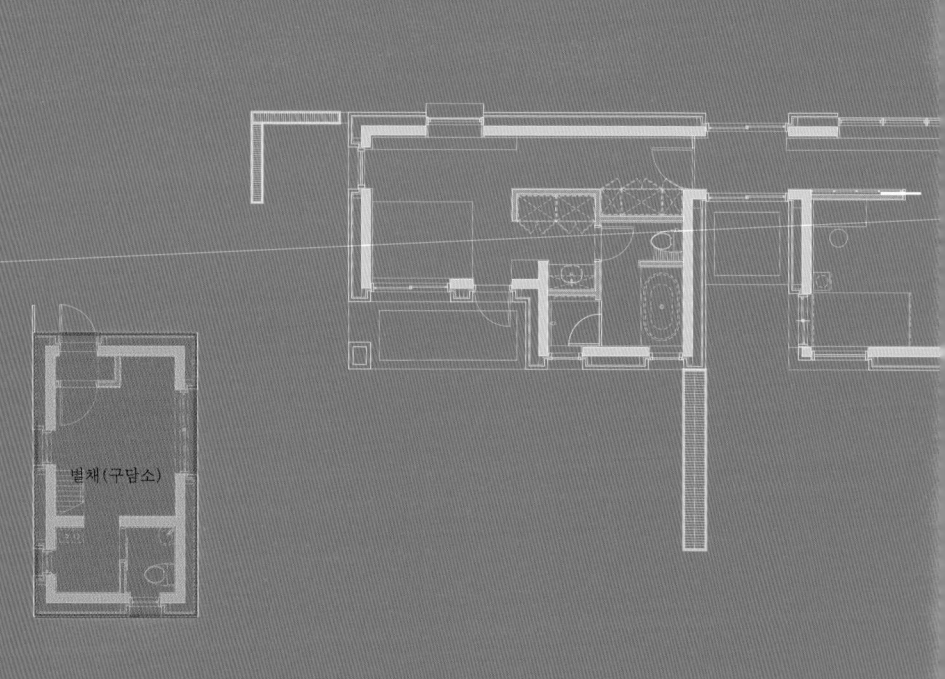

별채(구담소)

6장 부속 공간

정자

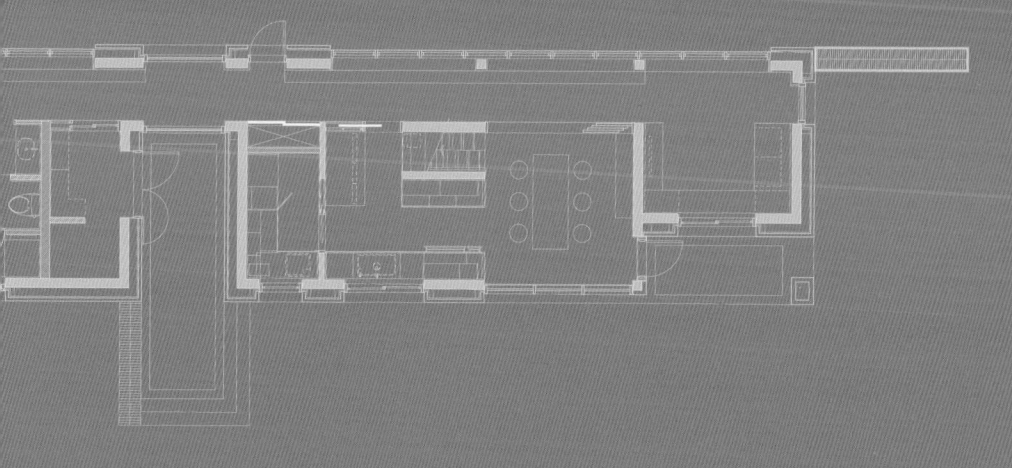

별채(구담소)

손님들을 위한 사랑방

소담재에는 허투루 쓰인 공간이 없다. 오랜 시간 정성스럽게 탐구한 건축주, 그분들과의 소통을 무엇보다 중요하게 생각한 건축가의 합이 만들어 낸 결과물이기 때문이다. 특히 별도의 매스로 구현한 별채는 이런 특징의 정점을 찍는 공간이다.

별채는 처음부터 계획되었던 공간이 아니다. 소담재의 기본 계획이 끝난 뒤 갑자기 등장한 이슈가 황토방이었는데, 당시 윤근주 건축가는 황토방에 동의하기가 어려웠다고 한다. 복도 끝이나 손님방을 따로 만들어 어머님이 오셨을 때 찜질할 수 있는 황토방을 만들고 싶다는 건축주의 의견이었는데, 벽돌 건물에 황토방을 만드는 게 적절치 않다고 판단했기 때문이다.

> 처음에는 제 의견을 듣고 황토방 이슈가 사라졌었어요. 그런데 아무래도 황토방을 포기하기가 쉽지 않으셨는지 별채로 짓겠다고 하셨죠. 그래서 지금의 정자와 텃밭이 있는 위치로 제안을 드렸습니다. 그런데 두 분께서 부부 침실 쪽에 짓고 싶다고 하셔서, 결국 지금의 위치에 담장을 하나 더 놓으려 했던 계획을 변경해 별채를 두기로 결정했습니다.

윤근주 건축가의 설명처럼 소담재와는 따로 떨어진 별채를 짓기로 결정했지만, 안타깝게도 황토방은 구현되지 못했다. 우현주 선생님은 친정어머니와 함께 혹은 각자 황토방에서 힐링하는 시간을 갖고자 했지만, 전통 방식의 황토방 시공과 소담재의 맥락을 잇는 실용적 별채 중 하나를 결정해야 했고, 후자를 선택하게 된 것이다.

6장. 부속 공간

황토방을 얼마나 자주 활용하게 될까, 제대로 시공하는 것은 가능할까 등을 고민하고 있을 때였어요. 황토방을 만들어서 잘 사용하지 못하는 경우가 많다는 정보가 선택에 결정적인 영향을 주었죠.

이웃의 전원주택에 방문했다가 황토방이 제대로 만들어지지 않아 고생했다는 것과 완성 후 예상과 달리 잘 사용하지 않고 있다는 이야기를 들었습니다. 순수 황토방을 짓는 공정은 굉장히 복잡하고 정성이 필요하다는 것도 알게 됐죠.

결국 두 분 선생님과 윤근주 건축가는 지혜를 모아 순수 황토방 대신 지금의 별채를 완성했다. 아토피로 고생했던 큰아들이 본가에 왔을 때 사용할 것을 고려해 화선지와 흙을 바르는 방식으로 실내 벽을 미장했고, 황토식 타일도 부착해 조금이나마 효능을 높였다. 바닥은 전기온돌 매트를 시공했는데, 황토벽이 내부 온기를 조금 더 유지시켜 준다. 하지만 한솔 씨가 소담재에 왔을 때, 별채를 사용하는 경우는 많지 않다. 이곳에 오면 대부분 가족들과 시간을 보내서 주로 공용 공간을 이용하기 때문이다.

대신 동료나 친구들과 같이 올 때면 꼭 별채를 사용합니다. 본채와 완전히 분리되어 있고, 필요한 시설이 전부 갖춰져 있어서 한 번 온 친구들은 또 오고 싶다고들 합니다.

별채는 화장실과 미니 주방, 냉장고, 붙박이장 등을 갖춘 풀옵션(full option) 원룸 형태로 완성되어 손님들이 독립적으로 사용 가능하다. 복층 구조로 1층에서는 최대 4명, 위층에서는 2명 정도 잘 수 있어 1박 2일의 소모임도 가능하다. 부부 선생님들은 교육, 환경, 독서 관련 모임 장소로 사용하기도 한다. 드물게는 이 작은 공간이 부부에게 다른 곳에 여행 온 느낌을 주기도 한다. 복층으로 올라가는 계단이 가팔라 힘들긴

6장. 부속 공간

하지만, 올라만 가면 전면에 자연을 가득 품은 창이 있어
펜션 분위기를 연출하기 때문이다. 그래서 한솔 씨의 지인들도
단지 친구집에 놀러왔을 뿐인데, 마치 펜션에 놀러 온 듯한
기분을 만끽한다고 이야기한다.

얼마 전부터는 게스트룸의 중요 예약자가 생겼는데, 바로 예비
며느리 도희 씨다.

> 최근 상견례를 했는데, 아이들이 각자 상대의 부모님께 손편지를
> 써와서 어머니들이 소리내어 읽었거든요. 눈물을 삼킬 정도로
> 감동적이었어요. 그만큼 예비 며느리 도희는 따뜻한 마음으로
> 주변 사람들을 품어주며 관계를 이어가는 품성이 아주 예쁜
> 아이입니다. 앞으로 결혼하고 아들 내외가 집에 오면 별채에서
> 여행 온 기분으로 머물다 가기를 바라고 있습니다.

요즘 우현주 선생님은 이런 마음을 담아 별채를 '엄마 갬성'이
물씬 느껴지는 분위기로 꾸미고 있다. 특히 이영탁 선생님이
최근 푹~ 빠진 스칸디아모스(천연 이끼)로 만든 액자와
피포페인팅 작품을 걸어 아기자기한 분위기를 연출했다.

이렇게 세심한 손길이 더해진 별채에서는 앞마당에서 불멍을
끝낸 한솔, 해찬 씨의 친구들이 도란도란 이야기를 나누다 잠이
들고, 두 분 선생님이 마치 여행을 온 것처럼 미니 주방에서
간단한 음식을 만들어 햇빛이 드는 테이블에서 식사를 하곤
한다. 앞으로는 한솔 씨 부부가 시골 바람을 쐬며 힐링의 시간을
갖고, 어린 손주들이 통창을 열어 놓고 마당과 별채를 드나들며
즐거워하는 장면이 펼쳐질 것이다.

지금도 앞으로도 소담재의 별채가 가족과 지인들에게 편안한
힐링의 공간이 되기를, 또 소담재를 방문한 인연들이 자고 가는
사랑방으로 애용되기를... 이영탁 선생님은 이런 소망을 담아
소담재 별채에 '따뜻한 마음으로 함께 웃고 즐기는' 이라는 뜻의
'구담소(昫談笑)'라는 이름을 붙여주었다.

정자

좋은 이웃 만나기 vs. 좋은 이웃 되기

오랜 도시 생활을 청산하고 전원주택 생활을 계획하는 사람들이 흔히 갖는 두려움 중 하나가 '이웃과의 관계'다. 이른바 '텃세'라고 불리는 지역민들과의 마찰은, 귀촌을 희망하는 사람들에게 작지 않은 고민거리다. 사실 사람 사는 곳은 어디나 다 비슷해서, 살던 곳을 떠나 낯선 지역을 가게 되면 누구나 비슷한 걱정을 한다. 그러나 층과 벽으로 꽁꽁 둘러싸인 아파트가 절대다수인 도심에서는 어느 정도 익명성이 보장되어 층간소음 문제만 아니면 이웃과 부딪힐 일이 그다지 없는 반면, 집의 외양과 사람의 드나듦이 고스란히 노출되는 단독주택 그것도 한적한 시골 마을에서는 이웃과의 관계가 분명 여러모로 중요하다.

> 저희는 친정 부모님이 먼저 포천에 자리를 잡고 조금씩 농사를 짓고 계셨기 때문에, 큰 망설임 없이 이곳으로 올 수 있었어요. 그래도 부모님이 오신 지 2~3년쯤 되었을 때인가? 여름에 비가 많이 왔는데, 그때 남편이 물길을 낸다고 땅을 판 것이 아랫집 둑방을 무너뜨렸나 봐요. 아랫집 아주머니가 바로 부모님 댁에 올라와 잘못을 따져 물으며 피해 보상을 요구하시는데, 저희도 갑작스런 큰 비에 수습할 일이 많은 상황에서 참 난감하더라고요.

함께 해결 방안을 찾아보자고 해주셨으면 좋았을 텐데, 게다가 주변의 다른 이웃들도 이 문제에 대해 중재나 조정에 나서주지 않아 당시에는 서운한 마음이 들었다는 우현주 선생님. '이게 말로만 듣던 동네 텃세라는 건가?'라는 생각을 그때 처음 하셨단다. 물론 그 문제는 이후 잘 협의가 되어 이제는 아랫집과

서로 먹거리도 나누고, 어머님과 종종 차를 마시러 왕래하는
좋은 사이가 되었지만, 서로 간의 이해가 얽힌 문제가 생겼을 때
한발씩 양보하는 지혜는 어느 곳에나 필요한 법이다.

> 포천은 겨울이 길고 추운 지역이에요. 살던 아파트를 팔고
> 소담재를 지어 생활하는 지금에 정말 만족하지만, 한겨울 집 앞에
> 쌓인 눈을 치울 때나 빙판길이 되어버린 집 주변 이면도로를
> 접할 때면 종종 아파트가 그립더라고요~ 그럴 때 마을 이장님이
> 트랙터를 몰고 와 집 앞마당까지 제설작업을 해주시면 어찌나
> 감사한지...

한겨울 트랙터를 몰고 나타나는 이장님이 마치 슈퍼 히어로처럼
반갑다는 이영탁 선생님은 포천 가채리 마을 분들에게
'부지런한 이웃'으로 입소문이 났다. 이른 아침과 늦은 저녁,
시간이 날 때마다 집 앞 텃밭을 정성스레 돌보는 선생님의
모습이 주위 분들에게는 '그냥 시골에 와서 살기만 하는 이웃'이
아닌, '시골살이에 재미 붙이고 열심히 사는 이웃'으로 비친
까닭일 것이다. 하지만 이영탁 선생님은 그런 모습 외에도
이웃에게 먼저 마음을 내어주는 자세가 필요하다고 강조한다.

> 마을 길 제초 작업이나 마을에서 하는 행사에는 빠지지 않고
> 참석하려고 노력합니다. 마을 총회, 대보름 행사, 경로잔치에도
> 가고 필요한 경우 기부나 찬조도 하지요. 이제 퇴직도 했으니
> 포천농업기술센터에서 운영하는 여러 교육 프로그램에도 참여할
> 예정입니다. 농사를 짓는 기술을 배우는 것만큼이나 농사 짓는
> 분들과 교류하는 것도 중요하니까요.

마을길과 면한 소담재 입구에는 자그마한 정자가 하나 있다.
새로 지은 것은 아니고, 먼저 포천에 이사 온 부모님들을 위해
6~7년 전 완제품으로 구입해 놓아드린 것이다. 연로하신
아버님, 어머님이 더운 날씨에 밭일하다가 잠깐씩이라도 앉아

쉬시라고 마련해 드렸는데, 생각만큼 활용되지 않아 소담재
완공 후 텃밭 옆으로 옮겨 놓았다. 지금은 비바람을 막기 위해
설치한 샷시 때문에 텃밭에서 수확한 고추, 호박 등의
보관창고로 쓰이지만, 정자의 활용에 대한 이영탁 선생님의
계획은 사뭇 원대하다.

> 소담재의 텃밭은 도라지, 잔대 등의 식용식물과 토마토 같은
> 열매채소를 심어서 누구나 구경할 수 있는 정원으로 만들
> 계획이에요. 그럼 날씨 좋을 때 오가는 이웃들이 구경하다가 잠시
> 앉아 쉴 수 있는 공간으로 정자가 딱 좋지 않을까요? 조금 더
> 인연이 깊은 분들과는 편하게 정자에 걸터앉아 막걸리도 한 잔
> 나눌 수 있겠고요.

많은 사람들이 '좋은 이웃'을 만나고 싶어 한다. 그러나 좋은
이웃이란 '상호 교감과 교류를 바탕으로 완성되는 관계'임을
고려할 때, 주변에 좋은 이웃을 두고 싶은 열망만큼이나 스스로
'좋은 이웃이 되려는 노력' 또한 필요하다는 것을 간과해서는
곤란하지 않을까.

7장   못다한 이야기

소담재가 바꾼 삶,
그 아름다움과 고마움

집짓기에 대한 건축주의 단상

소담재가 포천 가채리에 자리를 잡은 지도 어느덧 2년 여의 시간이 흘렀다. 집을 짓기 전에도 주말이면 종종 부모님이 계신 이곳을 찾았지만, 오랜 시간 도심의 아파트 생활에 익숙했던 이들에게 한적한 시골 마을의 주택 속 일상은 분명 낯섦과 시행착오로 가득했을 터. 이영탁·우현주 선생님이 소담재에 살게 되면서 겪은 가장 큰 변화는 무엇일까.

> 우선 주말이 너무 바빠졌어요. 이사 오기 전에는 주말이면 근교의 멋진 카페나 맛집을 찾아다녔거든요. 꽃 피는 계절이면 축제에 가고, 방학 때는 아이들과 전국의 폐사지(廢寺址)도 찾아다녔는데, 지금은 소담재가 우리 가족 최고의 여행지가 된 셈이랄까요. 앞마당 화로에서 불멍하며 바비큐 파티도 하고, 정원과 텃밭을 가꾸는 시간이 많아졌으니까요.
>
> 남편은 남편대로, 저는 저대로, 따로 또 같이 할 일이 많아졌어요. 남편은 주로 어떤 작물을 어디에 심을지를 구획하고, 심고 거두고 주변 정리하는 일로 분주해요. 저는 텃밭에서 수확한 각종 먹거리를 식재료로 다듬고, 나물과 채소 요리로 식탁을 차려내는 일이 좋고요. 서로 잘 모르는 부분은 물어보면서 함께 답을 찾아가다 보니 자연히 대화도 많아졌죠.

원래도 돈독했던 부부 관계는 한결 두터워졌다. 자연 속에 살다 보니 수시로 집안에 출몰하는 벌레들, 가끔 현관 통창에 부딪혀 생을 마감하는 산새, 밤새 내린 함박눈 치우기 등 서로의 협력과

위로가 필요할 일이 많아진 까닭이다. 하지만 우현주 선생님이
무엇보다 흐뭇한 부분은, 이영탁 선생님이 소담재에 살면서
조금 더 건강해지신 것이다.

> 이제는 정년퇴직했으니 더 그렇지만, 퇴직 전에도 먼 길을
> 운전해서 와야 하니 술자리에 잘 안 가더라고요. 차라리 집에서
> 가볍게 와인 한 잔을 즐기거나 막걸리를 마시곤 하죠. 담배도
> 많이 줄었어요. 공기가 맑은 곳에 살아서 그런지, 스트레스가
> 줄어서인지 모르겠지만 확실히 전보다 덜 피우는데, 실제로 담배
> 생각이 많이 안 난다고 하네요.

봄부터 가을까지 포천에서 지내시는 어머님과 농사일을 함께
하는 사위가 더 친밀해진 건 말할 것도 없다. 텃밭에 심을
농작물 결정부터 재배 방법, 병해충 관리, 수확 시기 등을
논의하고 수확한 농작물로 함께 김장도 하고 된장, 고추장도
담근다. 무료하고 적적한 시간에는 흰 도화지를 펼쳐 함께
그림도 그리는 살가운 장서(丈壻)지간이다.

소담재가 준 일상의 변화에 더할 나위 없이 만족하는 부부에게,
소담재 건축 과정에서 힘들었던 부분이나 후회되는 점은 없냐는
우문(愚問)을 건넸다. 이영탁 선생님은 비슷한 질문을 많이
받았다며 익숙한 미소를 지었다.

> 처음 집을 짓겠다고 했을 때, 주변에서 '10년은 늙을 각오하고
> 시작하라'는 이야기를 많이 들었어요. 그만큼 집 짓는 과정이
> 힘들고 스트레스 받을 일도 많다는 소리였죠. 그런데 그런
> 어려움은 대부분 설계를 담당한 건축가와 시공사에 대한 불신과
> 소통의 오류에서 비롯된 거더라고요. 저희는 집을 짓는 과정이
> 즐거우려면 좋은 건축사와 시공사를 만나는 게 가장 중요하다고
> 판단했고, 실제로 그런 분들을 만나 전적으로 신뢰하고 소통하며
> 집을 짓는 과정에 참여했습니다.

대부분의 경우 건축주가 설계 사무소와 시공 소장님의 전문성을
의심하기 시작하면서 갈등이 생기고, 건축주가 상상하거나
구현하고 싶은 부분을 현실화하는 과정에서 예산을 초과하는
비용이 발생하거나 전체적인 조화와 균형이 깨지는 문제로
갈등이 빚어지죠. 그런데 저희는 그런 갈등이 거의 없었다고 해도
과언이 아니에요. 저희가 두 분을 깊이 신뢰하기도 했지만,
기본적으로 설계 사무실과 시공팀의 성실한 소통이 있었기에
가능한 일이었던 것 같아요.

우현주 선생님의 말처럼 실제로 소담재 착공 전, 건축주와
건축가는 거의 6개월 이상 만남과 메일, 문자 등으로 '어떤 집을
지을 것인가'에 대해 소통하는 시간을 가졌다. 또 설계가 확정된
뒤 시공을 담당한 최영철 소장은 시공 과정마다 중간중간 건축
비용 정산을 설명해 줌으로써 예산 초과분에 대한 의구심이
없도록 해주었다. 건축주의 신뢰와 건축가·시공팀의 소통 덕에
소담재는 '잘 지어진 집'으로만 남지 않고, '짓는 동안 즐거움을
준 집'으로도 남을 수 있었던 것이다.

이제는 주변에서 집을 짓겠다고 하는 분이 있으면 제가 두 가지를
조언합니다. 하나는 집을 지을 택지가 작을지라도 정원이나
텃밭은 꼭 만들라는 것, 그리고 다른 하나는 건축 설계에 대한
비용을 아끼지 말라는 것입니다. 무엇보다 '건축가들은 전문가인
동시에 창의적인 예술가'라는 믿음이 필요합니다. 어떤 집을 지을
것인지에 대해 건축가와 많은 이야기를 나누고 소통하세요.
그러는 동안, 앞으로 자신이 어떻게 살게 될지도 꿈꾸게 될
테니까요. 그러다 보면 어느새 멋진 나만의 집, 우리 가족만의
집이 완성되어 있을 겁니다.

박새도 사람도 행복했던 시간들

건축 현장 담당자의 후기

소담재 공사는 공디자인 그룹의 최영철 소장이 총괄하여
직영으로 진행했다. 그는 20여 년 전 서울건축학교에서 만난
윤근주 건축가와 작은 인테리어 공사부터 건물 리노베이션까지
다양한 작업을 해왔으나, 단독주택을 함께 짓는 일은 드문
일이라 기대만큼 걱정이 앞섰다.

> 무엇보다 코로나19 상황에서 작업팀 섭외가 쉽지 않을 게 뻔했고,
> 자재비도 하루가 다르게 오르고 있어서 시작 전부터 어려움이
> 예상되었죠. 하지만 두 분 선생님께서 첫 대면회의를 마친 후
> 흔쾌히 함께하자고 이야기하셨을 때 걱정은 한낱 기우임을
> 깨달았습니다. 최종 공사비가 확정되지도 않은 상태에서, 단지
> 사람만 보고 계약을 하셨거든요.

건축주들은 집짓기 과정에서 고마웠던 이들 중 한 사람으로
최영철 소장을 꼽았다. 공정의 단계마다 소통을 잘해 주기도
했지만, 무엇보다 주어진 예산 안에서 공사를 마칠 수 있도록
기지를 발휘해 주었기 때문이다.

> 가격이 더 오르기 전에 자재들을 최대한 확보해야겠다고
> 생각했어요. 실제로 기초공사 마무리 시점에는 건축 자재비가
> 두세 배 뛰더라고요. 다행히 현장에 여유 공간이 많아서
> 미리 구매할 수 있었습니다. 덕분에 추가 공사비 청구를 피할 수
> 있었죠.

돌이켜보면, 현장에는 작업자 외에도 늘 많은 사람이 함께했다. 매일 아침 공사장을 말없이 둘러보시던 우현주 선생님의 아버지, 자상하지만 꼼꼼하게 딸 집의 걱정스러운 부분을 말씀해주시던 어머니, 사전에 언질 없이 도로를 굴착했다고 노여워하시던 동네 이장님, 또 작은 소란들에 소방 부대로 나서주었던 우현주 선생님의 남동생 내외까지... 소담재는 공사하는 내내 온 가족과 이웃의 관심사였다.

> 한적한 포천 시골의 민원이 전혀 없는 공사 현장이라 가족들의 관심과 애정 어린 잔소리가 차라리 반가웠죠. 지금은 돌아가셨지만, 처음에는 아버님이 제일 무서웠어요. 제가 부담스러울까봐 우현주 선생님이 아버님께 잔소리하면 안 된다고 몇 번이나 이야기하신 것 같아요. 늘 뭔가 참고 계신 듯했거든요.(웃음) 아침마다 인사를 나누다 보니 나중에는 가까운 사이가 되었죠.

사실 최영철 소장에게 제일 힘든 손님은 따로 있었다. 집주인들이 이사오기 전에 먼저 둥지를 틀고 새끼들을 다섯 마리나 키워낸 박새다. 그는 알에서 나온 박새 새끼들이 다 자라 날아갈 때까지 서너 번 이사를 시켰다. 너무 멀리 옮기면 어미새가 새끼들을 버리고 갈까 싶어 조금씩 조심스레 옮겨야 했기 때문이다. 새가 찾아오는 집은 잘 된다는 이야기가 있어 더 정성을 들였다.

> 이 집에서 지내는 동안 새들은 행복했겠죠? 그만큼 복을 내려놓고 갔을 거예요. 그러고 보니 제게도 소담재 현장은 공기 좋고 민원 스트레스 없는 좋은 일터였어요. 많이 행복한 시간이었습니다.

기하학적 간결함 속에 담긴 삶의 열망

건축평론가가 본 소담재

건축평론가는 소담재를 어떻게 바라볼까? 어느 날 윤근주 건축가에게 생긴 궁금증이다. 건축가는 간혹 자신의 작업을 비평가의 통찰력으로 진단 받기를 원한다. 그것이 때론 매우 혹독한 평가로 되돌아오더라도 비평가의 '건축 읽기'는 다음 작업을 위한 자양분이 될 수 있기 때문이다.

2024년 봄을 기다리던 2월의 어느 주말, 서울대학교 건축학과 백진 교수는 윤근주 건축가의 요청을 받아들여 소담재를 답사하고 길다란 박스 형태의 기하학적 간결함이 돋보이는 집에서 삶에 대한 다양한 열망을 읽어냈다. 여기, 필자의 동의를 얻어 '생산(production)과 창작(poiesis): 기하학적 순수성과 삶의 열망'이란 제목의 비평문 일부를 발췌하여 이 책의 독자들과 공유하고자 한다.

… 단순한 박스인 것 같지만 찬찬히 들여다보면 곳곳에 과감한 변형이 자리 잡고 있다. 모니터상의 선으로만 존재하는 순수기하학을 중력에 버티어 서고 옷을 차려입은 몸체로 지어내는 구축, 터의 기운과 풍경을 읽고 펼치는 대응, 마지막으로 삶의 다양한 열망에 대한 부응… 기다란 박스의 기하학에 이런저런 변형이 가해진 것은 바로 이런 이유들 때문이다. 노출 콘크리트 구조체와 벽돌, 다양한 위치, 높이, 형태를 한 창호와 문, 출입구와 중정을 삽입하기 위한 절개, 단층의 박스에 수직 방향으로 달라붙은 곡면 볼륨, 따낸 동서 측의 코너… 모두 박스의 명증함, 순수함, 균질함을 깨고 조금씩

삶의 양상을 담아내는 '건축'으로 변모해 가는 과정에서 나타나는 변형들이다. 특히 곡면 형상으로 덧대어진 볼륨은 단층 주택의 평이함을 전화위복의 계기로 삼아 공간을 극적으로 반전시키는 파격적인 순간을 삽입한다.

… (중략) … 대지의 동남쪽 부분으로 건축주 부부의 어머님이 살고 계시다. 동측 끝단의 섬세한 처리로 식당에서도 항상 어머니가 사시는 집이 보인다. … (중략) … 혹자는 '느슨한 동거'라고 부를지도 모르겠다. 느슨하든 끈끈하든 축복받은 동거이다. 이 동거를 가능하게 해준 묘약은 주택의 동측 끝단이 갖는 중요성에 대한 포착, 어머니의 집이 있는 곳에 좀 더 근접하고자 하는 열망을 담아 비정상적으로 기다랗게 늘어뜨린 박스의 고안, 그리고 코너를 따내는 등 두려워하지 않고 가한 기하학의 변형이다. 자연도 도왔다. 동측 끝단에 이르러 산세가 살짝 남측으로 물러서며 숨통을 틔워주고 풍성한 햇볕과 바람을 앞마당에, 식당에, 툇마루에 쏟아붓는다. 삶의 열망, 기하학, 터가 가진 기운, 이 삼자 사이에 절묘한 조응이 이루어졌다.

완결성을 갖춘 단순한 기하학의 과감한 변형은 '터'의 형상, 향, 기운, 그리고 풍경에 대한 대응, 그리고 그 터에서 살아가는 사람들의 삶의 열망에 대한 부응으로부터 나온다. 특히 삶의 열망은 놓쳐서는 안 된다. 어떤 방들이 필요한지, 어느 방을 어디에 놓을지, 어떤 방이 특별히 중요한지, 방의 형상, 향, 경계부 처리는 어떻게 할지 등 이런 질문들은 사람 사이의 관계를 재조직하고 변화를 주는 것으로 삶의 열망을 담고 있다. 이런 부류의 질문에 대한 답은 건축가가 혼자서 찾아나갈 수 있는 것은 아니다. 구축, 생산, 미학을 망라하는 전문성을 갖춘 건축가라도 건축주의 삶의 소망, 내공, 지혜를 받아들이며 재해석, 융화, 타협, 절충하는 과정을 거쳐야만 찾아나갈 수 있는 것이다.
모놀로그(monologue)가 아니라 다이얼로그(dialogue), 즉 진실이 내 편에 있다고만 생각하는 것이 아니라, 대화의 과정 속에서

정립되어 갈 것으로 생각하는 전제 위에서 '나'의 것이 아닌
'우리'의 것이 되는 건축의 창작도 가능하다.

가채리 주택 소담재는 이런 의미에서 아름다운 정치적 산물이다.
그리고 그 결과물이 바로 '삶의 열망과 공명하는 기하학'이다.
공장이나 실험실에서 거침없이 물품을 반복적으로 만들어 내는
생산(production)으로부터 바깥과 끊임없이 대면하며 시스템을
수정하고 변형을 가해 절충하고 융화하는 창작(poiesis)을
구분하고 싶다. 가채리 주택은 생산을 넘어 창작의 영역에 다다른
역작이다. 간결하고, 생산적이고, 과감한 형상을 유지하면서도
삶의 터에 뿌리를 내린 기하학! 이것은 항상 건축의 주제였다.

백진

부록

건축 개요

건축 개요	위치: 경기도 포천시 규모: 지상 1층, 2동 용도: 단독주택 대지 면적: 1,119m² 건축 면적: 165.13m² 연면적: 150m² 건폐율: 14.75% 용적률: 13.45% 주차 대수: 2대 최고 높이: 5.57m 구조: 철근 콘크리트조 외부 마감: 벽돌, 노출 콘크리트
설계 기간	2020년 7월 – 2021년 2월(건축+인테리어)
인허가	건축 신고: 2020년 12월 착공 신고: 2021년 3월 4일 사용 승인: 2021년 10월 6일
공사 기간	2021년 3월 – 2021년 11월
참여자	건축설계 및 감리: 일구구공 도시건축 건축사사무소(주) 민경현, 박진영, 윤근주 구조설계: (주)이든구조컨설턴트 전형종 공사: 공디자인 최영철

솔로몬건축 조광호 외	한양도기 박기원
한성레미콘 김지만	엠투세라믹 손근영
이삭전기 성열안 외	포크레인 장비 홍병훈
조용주조명 박지영	미래 지게차 박원태
우성공조 류영관 외	내장목수 김회석 외
유로창호 강채진 외	도배 마루 정성국 외
서우설비 이상운 외	안전관리 이주필 외
청우환경 이현복 외	도장공사 조영규 외
서인건설 아스콘 박광섭 외	미장공사 임경수
우성벽돌 이상준 외	Art Page가구 김미애 외
광명금속 최석철	청소 황명숙 외

건축 일지

- **2020. 7. 6.** 전원주택 설계 의뢰 이메일 접수.

- **2020. 7. 17.** **1차 브리핑**
  대지 특성과 건축주의 요구사항 파악.

- **2020. 7. 30.** **2차 브리핑**
  집에 대한 건축가의 생각을 강의 형태로 설명. 설계 대가, 공사 과정 안내.

- **2020. 8. 14.** **계약 및 현장 확인**

- **2020. 8. 24.** **대지 현황 측량**

- **2020. 9. 8.** **3차 브리핑**
  건축주의 요구 사항 정리. 땅에 적응하는 여러 배치 대안 제시.

- **2020. 9. 29.** **4차 브리핑**
  다양한 매스 대안과 외부공간 배치 검토. 구조 형식과 내외부 마감재 제안.

- **2020. 10. 22.** **5차 브리핑**
  건축주의 요청에 따라 생활을 위한 여러 요소를 조율.
  평면 및 단면 구성을 정밀 스터디 후 건축주와 공유. 재료를 실제 샘플로 설명.

- **2020. 10. 26.** **배치 형태 결정**
  ㅏ형의 배치 형태를 ㅣ형으로 변경. 별채 추가 공사에 대한 건축주의 요청.

- **2020. 11. 16.** **6차 브리핑**
  확정된 매스와 배치 대안 계획 구체화.
  외장 재료의 최종 선택과 별채의 설계 방향 논의.

- **2020. 12. 23.** **건축설계 인허가(건축신고필증) 완료**

- **2021. 1. 4.** **7차 브리핑**
  파우더룸 세면대 개수 확정. 창호 조정 후 최종 입면 확정. 별채 위치 결정.
  허가 이후 공사 유의사항과 시공사 소개(영상회의).

- **2021. 1. 11.** **8차 브리핑**
  토지 형질 변경, 진입 도로, 지하 매설물, 전신주 이설, 경계담장 협의.
  공사 착수를 위한 토목 및 기반시설 협의.

- 2021. 1. 18. **기존 전신주 이전**
  건축주 이전 신청.

- 2021. 2. 5. **9차 브리핑**
  도면 변경 사항(욕실, 화장실, 주방, 입면 창호) 정리. 계획안 동영상 제작 전달.
  인테리어 추가 계약.

- 2021. 2. 23. **10차 브리핑**
  기반시설(전기 인입, 급배수 및 우수 맨홀 등)과 건축공사(단열재, 벽돌, 창호
  등 성능별 견적 비교, 창호 조정과 구조, 주방 벽체 조정 등), 인테리어(내부
  재료 조정과 디테일), 착공신고 관련 설명.

- 2021. 3. 4. **착공신고 완료**

- 2021. 3. 17. **전기 안전 검사 및 계량기 설치**

- 2021. 3. 19. **착공**

- **대지 경계 확인**
  대지 경계가 도로 쪽으로 나가 있어서 자칫하면
  건물이 도로 위에 앉을 상황. 도로 반대편인 남쪽으로
  옮기기로 결정.

- **터파기 및 정지**
  대지 내 경사면의 시작점이 건물 중앙부까지 밀고
  들어와 있는 상태. 터파기와 다짐으로 대지 모양 변경.
  가설 펜스도 이전.

- 2021. 3. 22. **기초 공사**
  터파기 이후 기초는 도면보다 넓게 작업. 도로측 경사가
  도로 쪽으로 좀 더 밀려나야 했기 때문에 터파기한 흙을
  외부로 내보내지 않고 되메우기에 사용함. 조금 넓게
  다짐으로써 건물이 앉을 부분 확보.

- 2021. 3. 26. **기초 철근 배근 및 설비 전기 배관 작업**

2021. 3. 26. **수도 공사**
상수도 배관 인입.

2021. 4. 7. **거푸집 설치 및 콘크리트 타설**

2021. 4. 9. **바닥 단열 및 1층 무근 타설**

2021. 4. 20. **1층 벽체 및 비계 설치**

2021. 5. 7. **옥상 바닥 타설**

2021. 5. 13. **거푸집 탈거 후 실측 및 벽돌, 창호 미팅**

2021. 5. 20. **곡면 단열재 발주 및 금속 하지 시공**
라운드 천장 부분 기초 작업. 공장에서 금속 곡면 작업한 것을 현장 조립하고 콘크리트 타설 후 건물 매립. 곡면 단열재 발주 및 시공.

2021. 6. 9. **콘크리트 최종 타설**
옥탑, 천창, 별채 다락 및 천장 시공.

2021. 6. 12. **상량식**
건축주의 축문으로 시작된 상량식.

2021. 6. 18. **창호 공사**

2021. 6. 22. **새 둥지 발견**
실내 보일러실 쪽에 새가 날아와 둥지를 틀고 새끼 낳은 것 발견. 다 자라서 날아갈 때까지 서너 번 이사 시킴.

방수 미장
곡면 부분은 처리가 까다로워 두세 번 작업.

2021. 6. 25. **경량 기포 콘크리트 공사**

2021. 6. 29. **보일러 배관 및 에코온돌 미장망 시공**
바닥 난방에 30% 이상 도움이 되는 에코온돌 시공으로 난방 보완.

2021. 7. 1. **조적 공사**
가장 더울 때, 가장 힘든 외부 조적 공사 진행.

2021. 7. 7. **가스 공사**

2021. 7. 21. **곡면 조적 공사**

- 2021. 7. 31. 내부 목공사

- 2021. 8. 3. 비계 철거 및 마당 정리

- 2021. 8. 13. 마루 시공 및 가구 설치

- 2021. 8. 30. 주소판 부착

- 2021. 9. 9. 앞마당 돌담 작업
  공사 내내 현장 사무실 벽에 붙여둔 이영탁 선생님의
  스케치에서 남쪽 돌담 쌓기 착안.

- 2021. 9. 28. 사용 승인 업무 대행 특검건축사 현장 방문
  별채 다락 높이 지적. 150mm 높이는 것으로 보완.
  특검 2차 방문 후 통과.

- 2021. 10. 6. 사용 승인

- 2021. 10. 23. 바닥 디딤석 미장

- 2021. 10. 26. 조경석 정리

- 2021. 11. 1. 별채 다락 계단 제작 및 설치

- 2021. 11. 19. 건축물대장 변경 외
  건축물대장 표시 및 도로지정면적 변경.

- 2021. 11. 26. 아스콘 공사

- 준공

주요 설계 도면

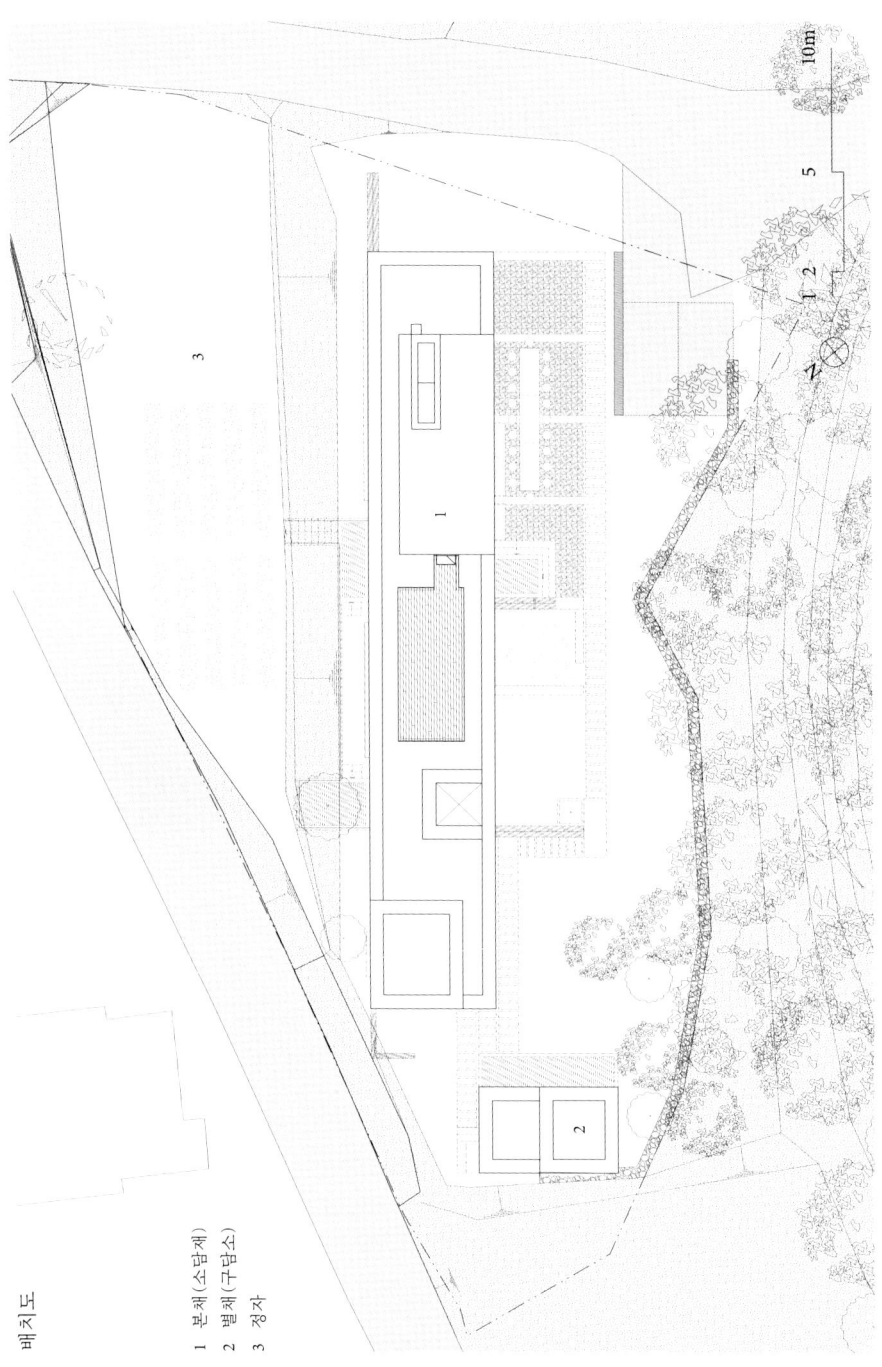

배치도

1 본채(소담재)
2 별채(구담소)
3 정자

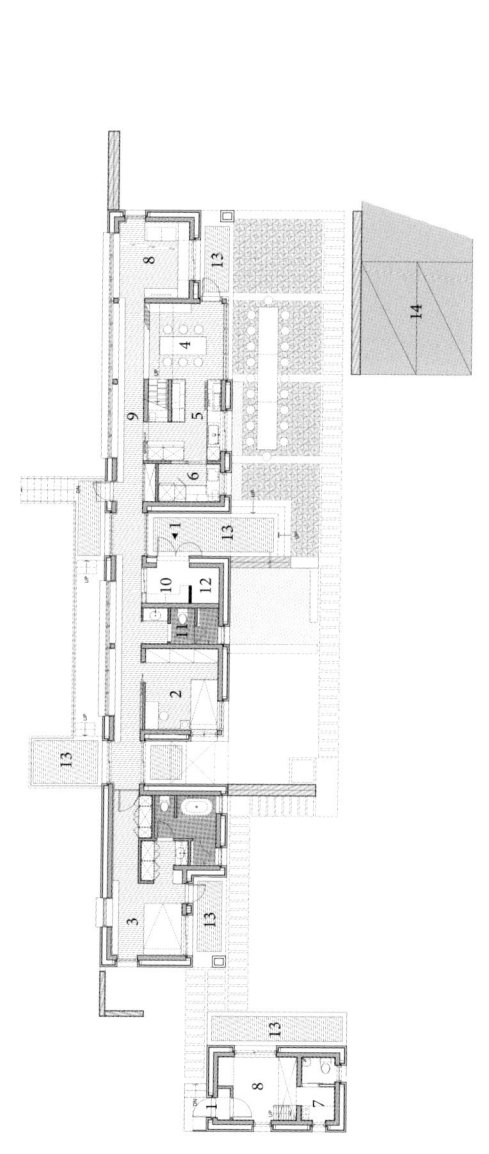

1층 평면도

1 현관
2 방
3 안방
4 식당
5 주방
6 보조주방
7 부엌
8 거실
9 복도
10 홀
11 욕실
12 창고
13 데크
14 주차장

155 부록

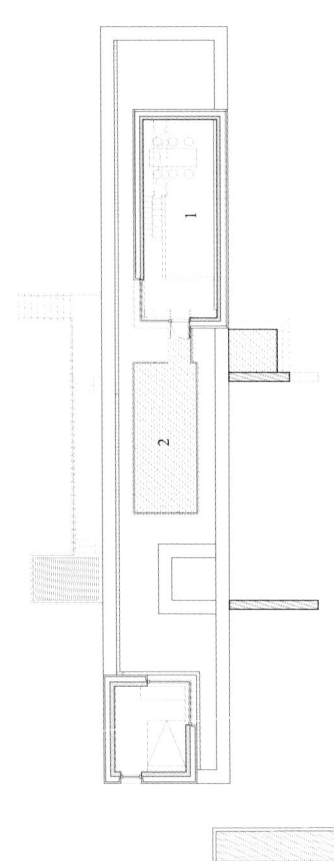

다락 평면도

1 다락
2 옥상

포천 소담재

본체 좌측면도

본체 우측면도

1 2　5　10m

본체 정면도

본체 배면도

157　　부록

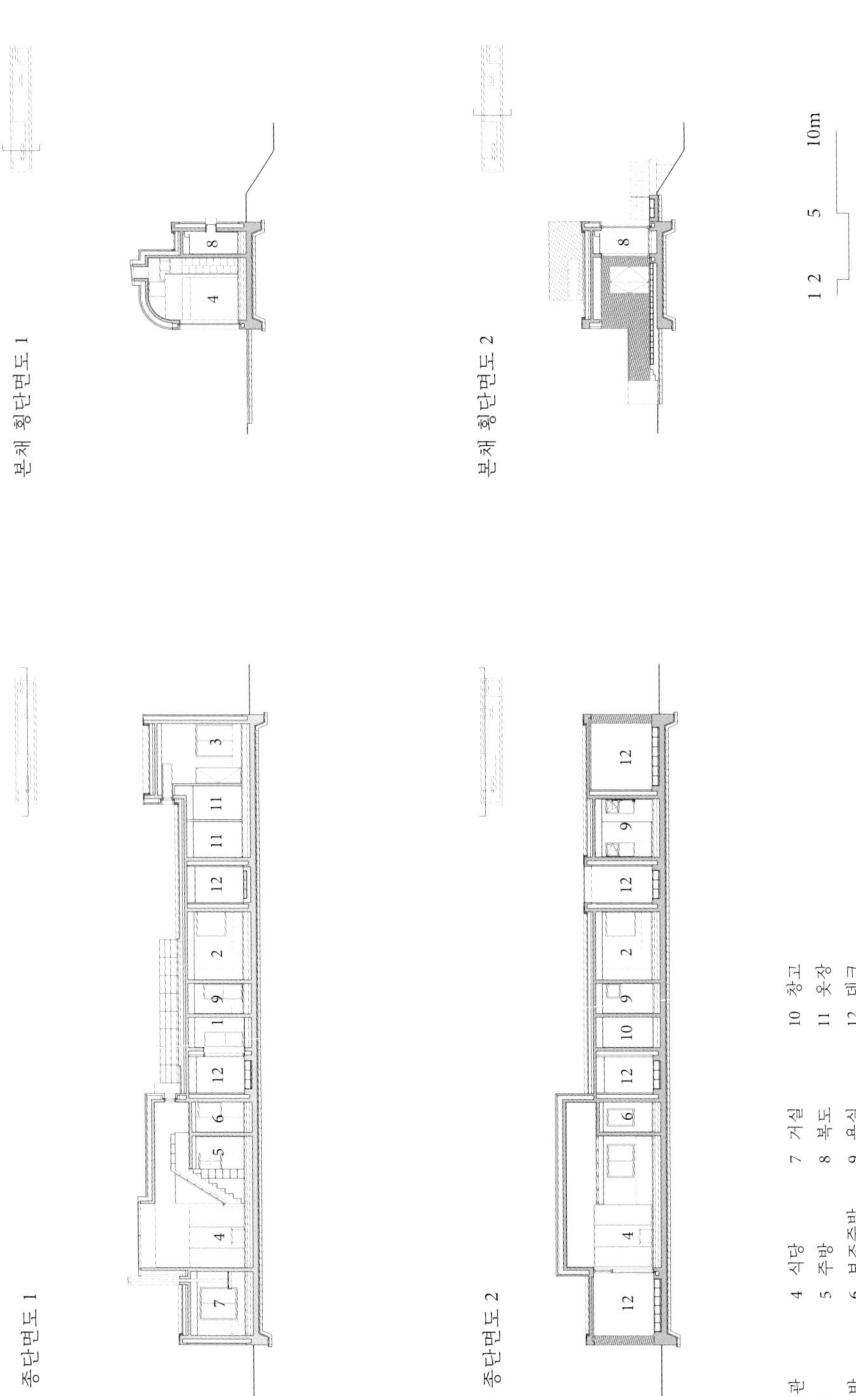

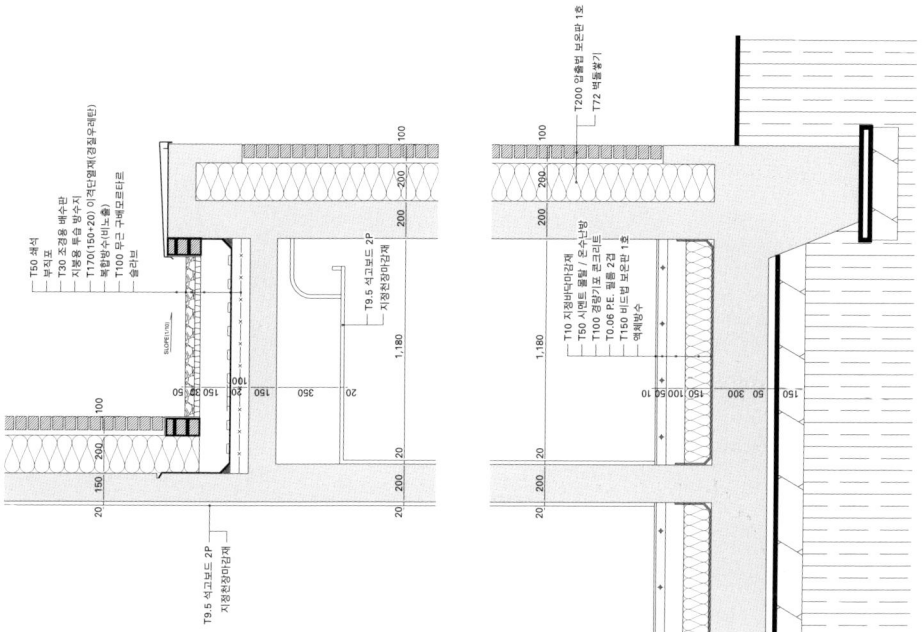

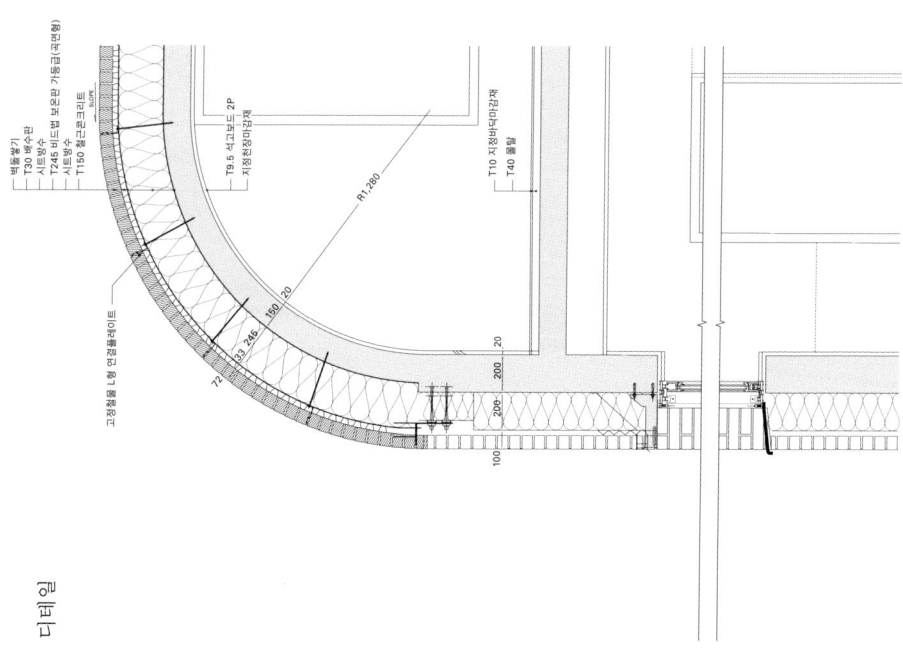

에필로그

집(House)과 집(Home)에 대한 생각의 집(Zip)

1   짧지 않은 시간 건축과 관련된 출판물들을 만들면서, 때로는 평론가의 입장에서, 때로는 건축가의 입장에서, 가끔은 건축주의 입장에서 '좋은 건축이란 무엇인가'를 생각하게 된다. '좋은 건축'은 사실 정의 내리기 어렵다. 주체가 누구냐에 따라 기준도 다르고, 고려해야 할 배경, 진행 상황에 따른 변수도 많기 때문이다. 그러나 그럼에도, 많은 사람들이 '좋은 건축물'이라 느끼고 공감대를 형성하는 지점은 분명 존재하는 것 같다. 그래서 '좋은', '잘 지은' 건축물보다는 '제대로 지은' 건축물을 소개해 보는 것은 어떨까 하는 생각이 들었다. 제대로랩의 시리즈 도서 '제대로 지음'이 탄생한 순간이다.

2   그렇다면 '제대로 짓는다'는 것의 의미는 무엇일까. 건축물 본연의 용도에 충실하고, 건축을 의뢰한 사람과 설계한 사람의 의도가 제대로 구현된 상태에서, 이용자들이 높은 만족도를 보인다면 그게 제대로 지어진 건축물 아닐까? 사실 경기도 포천에 지어진 소담재를 처음 알게 되었을 때만 해도, 이 건축물이 제대로 지음 시리즈의 첫 권에 담기리라고는 생각하지 못했다. 그러나 여러 차례 소담재를 방문하고, 건축주·건축가와 만남을 이어가면서 이 건축물이야말로 '제대로 지음' 시리즈에 꼭 들어맞는 소재임을 확신할 수 있었다.

3   대한민국은 아파트 공화국이다. 대한민국까지는 과장이라면, 인구의 1/4이 거주하는 수도권만큼은 아파트 공화국이 분명하다. 거주 공간으로서 아파트가 주는 장점은 분명하지만, 단점과 한계 또한 명확하다. 그래서 도심의 아파트에 거주하던

사람들은 은퇴 후 인생 3막에서 전원주택을 꿈꾸고, 이왕이면 본인의 경제 상황과 라이프 스타일에 맞는 '나만의 집'을 짓고 싶어 한다. 하지만 이 중 대부분은 이상과 현실의 괴리(?)에 부딪혀 아파트로 회귀하거나 이미 지어진 기성 주택을 선택한다. 마치 "차를 사고 싶지만, 차는 모른다"던 광고 카피처럼, 집을 짓고 싶지만, 건축을 모르기 때문일 것이다.

4

소담재의 건축주인 두 분 선생님은, 오랜 시간 교직에 몸담으며 도심의 아파트에서 두 아들을 키우셨다. 이제 정년퇴직을 전후로 인생 3막을 맞이하여 연로한 장모님(어머님) 댁 곁에 소박하지만 평범하지 않은 집을 지었다. 소담재를 '제대로 짓기'까지 많은 사전 준비(공부)를 했고, 지난한 건축 과정을 소통으로 함께해 준 건축가를 만났으며, 전원주택의 모든 공간을 기꺼이 누리고 지지해 주는 가족들이 있었기에 가능했던 일이다. 소담재가 진정 아름다운 이유는 건축물(House)로서의 가치뿐만 아니라, 그곳에 살아가는 건축주들의 삶(Home) 또한 따뜻하기 때문이다.

책의 기획자로서 바라기는, 아무쪼록 이 책을 통해 독자들이 집(House)과 집(Home)에 대한 생각의 집(Zip)을 이루었으면 한다. 더불어 어렵고 힘들 것이라는 생각에 '내 집 짓기'를 망설이는 독자가 있다면, 그분들에게 이 책이 한 줄기 희망이 되어주리라, 감히 믿어본다. 끝으로 이 책의 발간을 가능하게 해주신 이영탁·우현주 선생님 가족과 윤근주 건축가, 최영철 소장님께 무한한 감사의 인사를 전한다.

2024년 소담재가 아름다운 봄날
제대로랩 편집실에서

제대로 지음 1.
소박한 사람들의 소담한 집, 포천 소담재

제대로랩 기획

기획·편집
정귀원, 진유정, 김정선

사진
남궁선, 타별, 일구구공 도시건축

일러스트
로사, 송재우

디자인
2mm

인쇄
가람미술

초판 1쇄 발행
2024년 4월 30일

출판등록
제2018-000047호

펴낸 곳
제대로랩

주소
서울시 종로구 사직로8길 15-2 4층

이메일
zederolab2016@gmail.com

ISBN
979-11-987508-0-8 (03600)

정가는 뒤표지에 있습니다.
잘못된 책은 구입처에서 교환해드립니다.